集人文社科之思　刊专业学术之声

集 刊 名：逻辑、智能与哲学
主办单位：中国逻辑学会
协办单位：中国社会科学院哲学研究所智能与逻辑实验室
　　　　　西南大学逻辑与智能研究中心　浙江省逻辑学会

LOGIC, INTELLIGENCE AND PHILOSOPHY

名誉主编：张家龙
主　　编：杜国平
执行主编：魏　涛
编辑部主任：陈晓华
编辑部副主任：王　晴

本刊投稿邮箱：LIP2021@126.com

第三辑

集刊序列号：PIJ-2021-442

集刊主页：www.jikan.com.cn/ 逻辑、智能与哲学

集刊投约稿平台：www.iedol.cn

中国学术期刊网络出版总库（CNKI）收录
集刊全文数据库（www.jikan.com.cn）收录

主编 ｜ **杜国平**　　执行主编 ｜ **魏　涛**

逻辑、智能与哲学

LOGIC, INTELLIGENCE AND PHILOSOPHY

第 三 辑

社会科学文献出版社
SOCIAL SCIENCES ACADEMIC PRESS (CHINA)

发 刊 词

杜国平

逻辑学是一门主要研究推理有效性的学问，而推理无疑是智能的核心要素之一，因此，逻辑学是智能科学最为重要的基础性学科，智能科学的发展离不开逻辑学的创新发展。

哲学是理论化的世界观和方法论，理论化离不开明确概念、准确判断、严谨推理和合理论证，而逻辑学提供了达成上述诸点的基本方法。没有逻辑学，哲学就失去了论证的魅力。

哲学一词来自希腊语"philosophia"，意为爱智慧。从古至今，哲学的含义经历了流变，但是其对智慧的挚爱却须臾未离。

数理逻辑产生百余年来，取得了突飞猛进的发展，几乎使得人们忘记了还存在其他形态的逻辑。相较于算力不断提高、技术日新月异，智能科学基础理论创新却相对寂寞。两者都需要在哲学层面进行根本性的思考和突破，两者都需要重回亚里士多德、重回莱布尼茨，重回哲学的沉思！逻辑学的创新发展离不开哲学，智能科学的创新发展离不开哲学！

基于此，特创立本集刊。

· 逻辑经典问题 ·

论可计算数及其在判定性问题上的应用
  ……………………………… 〔英〕A. M. 图灵 著　李伟华 译 / 1

· 逻辑学三大体系 ·

中国逻辑学话语体系建设的动因及走向 ……………………… 宁莉娜 / 38
数字社会背景下逻辑学的创新发展研究 ……………………… 荣立武 / 49
近代日译逻辑学教科书对中国逻辑思想的影响
  ——以大西祝《论理学》为例 ……………………… 钟秋萍 / 64

· 逻辑与智能 ·

ChatGPT 及其推理能力 ……………………… 宗　慧　洪　龙 / 76
AI 的"逻辑推理能力"如何？
  —— 一项人机对比实验 …………… 姜海霞　魏　涛　杜国平 / 86
可能性情态动词模糊语义翻译研究 ……………………… 何　霞 / 103

· 逻辑与哲学 ·

辩证思维的辩证否定及其矛盾
  ——语言逻辑的方案 ……………………… 邹崇理　姚从军 / 116

替换逻辑的几个关键概念 ························· 马 雷 / 129

模态实在论与刘易斯因果反事实理论关联机制探析

··················· 陈吉胜 谢佛荣 / 151

计算模拟的表征合理性及可强化框架 ·········· 杨烨阳 马红梅 / 166

·逻辑与教学·

关于逻辑与批判性思维，中小学语文老师着重在关心什么？

··················· 杨武金 曾丽娜 / 179

新文科背景下关于逻辑学教育教学的几点思考 ····· 郭美云 肖 方 / 188

逻辑学中的从弱原则及其应用 ················· 徐召清 黄俊翔 / 197

·著作立意与学术随笔·

激活经典，熔古铸今

——"中华优秀传统文化系列读物"著作宗旨 ·········· 孙中原 / 210

逻辑、哲学与生活世界

——读格雷林《维特根斯坦与哲学》 ············· 袁伟业 / 219

Table of Contents & Abstracts ····························· 231

征稿启事 ··· 241

论可计算数及其在判定性问题上的应用[*]

〔英〕A. M. 图灵 著[**]

李伟华 译[***]③

陈晓华 校对

[1936 年 5 月 28 日收到，1936 年 11 月 12 日审完。]

"可计算数"可以被简单描述为其小数表达式可在有限步骤内计算出来的实数。尽管从表面上看本论文的主题是可计算数，但很容易用几乎相同的方法定义和研究关于整数变量，或者实数、可计算数变量的可计算函数、可计算谓词等，每种情况涉及的基本问题都是相同的。我选择可计算数进行具体的研究是因为它所涉及的技术细节最简单。我希望很快就给出可计算数与可计算函数之间的关系，这将包括一套用可计算数表示实变函数的理论。根据我的定义，如果一个数的小数形式可以被机器写下来，那么它就是可计

---

   * 原文题目 "On Computable Numbers, With an Application to the Entscheidungsproblem"，原载《伦敦数学会会报》第二辑第 42 卷，1936，第 230~265 页。感谢我的导师陈晓华老师在本文形成过程中的悉心指导和对本文初稿与终稿提出的重要意见与建议。感谢《逻辑、智能与哲学》编辑部的老师在本文终稿的校订和编辑过程中的宝贵指点与反馈。——译者注

  ** 艾伦·麦席森·图灵（1912~1954），英国数学家，逻辑学家。——译者注

 *** 李伟华，湘潭大学碧泉书院·哲学与历史文化学院哲学系硕士研究生。——译者注

算的。

在§9和§10[1]中，我给出了关于可计算数包括所有可以被自然地认为是可计算的数的证明。特别地，我证明了一些大类的数是可计算的，例如所有代数数的实部，贝塞尔函数零点的实部、数 π 和 e 等。然而可计算数并不包括所有的可定义数，我也将给出一个不可计算的可定义数的例子。

尽管可计算数的数量很多，与实数的数量相近，但可计算数仍然是可枚举的。在§8中我考察了一些对可计算数不可枚举的证明。通过对这些证明中的一个的正确应用，我得出了在表面上与哥德尔[2]的结论相似的结论。这些结论，尤其是在§11证明希尔伯特的判定性问题无解的过程中，是有应用价值的。

阿隆佐·邱奇[3]最近的一篇论文提出了"有效可计算性"的概念。该概念与我的"可计算性"概念是等同的，但其定义与"可计算性"的定义有很大不同。邱奇在判定性问题上也得出了相似的结论。[4] 本文的附录概述了"可计算性"与"有效可计算性"等同的证据。

一　计算机器

我们已经指出可计算数就是小数部分可以在有限步骤内计算出来的数。可以更明确地定义可计算数。在§9前我不会真正尝试指出现在这个定义的正当性，目前我只会说这样定义的原因是人类记忆不可避免的局限性。

可以把一个在计算实数的人和这样一台机器作比较：这台机器只能处理有限的情形 $q_1, q_2, \cdots, q_n$（这些情形称为"m-格局"）。该机器配有一条

---

[1] 指本文第九节和第十节，下同。——译者注

[2] Gödel, "Über formal unentscheidbare Sätze der Principia Mathematica und verwandter Systeme, I", *Monatshefte für Mathematik und Physik*, Vol. 38, 1931, S. 173-198.

[3] Alonzo Church, "An Unsolvable Problem of Elementary Number Theory", *American Journal of Math*, Vol. 58, 1936, pp. 345-363.

[4] Alonzo Church, "A Note on the Entscheidungsproblem", *Journal of Symbolic Logic*, Vol. 1, 1936, pp. 40-41.

"纸带"（可以与纸类比），这条纸带被分为多个区段（称为"方格"），每个方格都可以承载一个"符号"。任何时刻，只有一个方格，比如说是第 r 个，它里边的符号 $\mathfrak{S}(r)$ 是"在机器里"的。可以称这个方格为"扫描格"，扫描格中的符号可以称为"扫描符"。可以这样说，"扫描符"是机器当前唯一能"直接感知"的符号。然而，通过调节 m-格局，机器能有效地记住之前"看到"（扫描）的符号。机器在任何时候可能的行为都是由当前的 m-格局 q_n 和扫描符 $\mathfrak{S}(r)$ 决定的。这时 q_n 与 $\mathfrak{S}(r)$ 的组合称为"格局"。因此，格局决定了机器可能的行为。在某些格局里，扫描格为空（里面没有符号）。机器可能会在这个扫描格写下一个新的符号，在其他格局中则会擦除这个扫描符。机器也可以改变正在被扫描的方格，但只能移到左边或右边一格。除了这些操作外，m-格局也可能会变化。有一部分写下的符号将组成一串数字序列，即被计算实数的小数表达；另一部分则是用来"协助记忆"的草稿。只有这些草稿才可以被擦除。

我的观点是：这些操作包括了在计算一个数字的过程中用到的所有操作。读者熟悉这一机器理论后，将会更容易理解我的这一观点。因此，下一节我将继续延伸这一理论，并假设读者已经了解了"机器""纸带""扫描"等词的含义。

二　定义

自动机

如果机器在每一阶段的动作（在§1的意义下）完全由格局决定，称这样的机器为"自动机"（或 a-机器）。

出于某些目的，我们可能使用格局只能部分地决定动作的机器（选择机或 c-机器）。（这是在§1中使用"可能"一词的原因。）当这样一台机器达到某种模糊的格局时，只有机器外的操作者给出任意的某种操作后它才会继续运转。在用机器处理公理系统时会出现这样的情况。在本文中，我只讨论自动机，因此经常会省略前缀"a-"。

计算机

如果一台自动机打印两种符号，第一类符号（称为数字）完全由 0 和 1 组成（其他符号称为第二类符号），那么这样的机器就称为计算机。如果给机器配备空白纸带，并使其从正确的初始 m-格局开始运转，那么机器打印出的第一类符号组成的子序列就叫作机器计算出的序列。在这个序列的最前面加上一个十进制小数点，并把它当作一个二进制小数，所得的实数就称为机器计算出的数。

在机器运转中的任何阶段，被扫描方格的数字、纸带上所有符号构成的完整序列，以及 m-格局共同描述这个阶段的完全格局。机器和纸带在相邻的完全格局之间的变化称为机器的"移动"。

循环和非循环机

如果一个计算机只能写下有限个第一类符号，就称之为"循环的"，否则称为"非循环的"。

如果一个机器达到某种格局后不能再移动，或者能移动但只能打印第二类符号，不能打印第一类符号，那么这个机器就是循环的。§8 将解释"循环"的重要意义。

可计算序列和可计算数

如果一个序列可以被非循环机计算出来，那么它就是可计算序列。如果一个数与非循环机计算出来的数只相差一个整数，那么它就是可计算数。

为了避免混淆，我们更常使用"可计算序列"，而非"可计算数"。

三　计算机示例

I. 可以构造一台计算序列 010101… 的机器。这台机器有四种 m-格局，即"b"、"c"、"f"和"e"，并且能打印"0"和"1"。下表①描述了机器的行为，其中"R"指"机器移动以扫描紧邻它先前扫描的方格右侧的方格"。"L"的含义类似"R"，只是扫描左侧的方格。"E"表示"擦除扫描符"，"P"表示"打印"。可以这样理解下表（以及接下来所有同类的表）：对于前两列中描述的格局，第三列中的操作会被陆续地执行，然后机器会转到最后一列的 m-格局。如果第二列留空，那么第三列和第四列的行为适用于任何符号以及没有符号的情形。配有空白纸带的机器从 m-格局 b 开始运行。

格局		行为	
m-格局	符号	操作	最终 m-格局
b	无	$P0, R$	c
c	无	R	e
e	无	$P1, R$	f
f	无	R	b

（与§1中的描述相反）允许字母 L，R 在操作列中出现多次会大幅简化该表格。

m-格局	符号	操作	最终 m-格局
b	无	$P0$	b
	0	$R, R, P1$	b
	1	$R, R, P0$	b

II. 一个稍复杂的例子：构造机器计算序列 001011011101111011111…。该机器具备五个格局"ʊ"、"q"、"p"、"f"和"b"，并且能打印"ə"、"x"、"0"和"1"。纸带上的前三个符号是"əə0"；其他数字在后面相间的方格中出现。中间的方格中只打印"x"，不打印其他符号。这些字母"留出位置"，用完之后便会被擦除。同时要求每隔一个方格中的数字序列里没有空格。

---

① 文中的表格形式遵照原文，下文的序列、公式亦遵照原文。——译者注

格局		行为	
m-格局	符号	操作	最终 m-格局
b		Pə, R, Pə, R, $P0$, R, R, $P0$, L, L	ʋ
ʋ	1	R, Px, L, L, L	ʋ
	0		q
q	任意（0 或 1）	R, R	q
	无	$P1$, L	p
p	x	E, R	q
	ə	R	f
	无	L, L	p
f	任意	R, R	f
	无	$P0$, L, L	ʋ

为了说明机器的运作，我们给出了包含最初几个完全格局的表格。写下纸带上的符号序列，并把 m-格局写在扫描符下面，以此描述这些完全格局。后续的完全格局用冒号隔开。

```
 :  ə ə 0   0 : ə ə 0   0 : ə ə 0   0 : ə ə 0   0    : ə ə 0   0 1 :
 b           ʋ           q           q           q           p
ə ə 0   0 1 : ə ə 0   0 1 : ə ə 0   0 1 : ə ə 0   0 1 :
       p           p           f           f
ə ə 0   0 1 : ə ə 0   0 1   : ə ə 0   0 1   0 :
       f                 f                 ʋ
ə ə 0   0 1 x 0 : …
       ʋ
```

该表格也能写成如下形式：

$$\text{b} : \text{ə ə ʋ 0} \quad \text{0} : \text{ə ə p e 0} \quad \text{0} : \cdots \tag{c}$$

在这种形式中，扫描符的左侧有一个空格，m-格局被写在这个空格里。这种形式更难以理解，但出于理论目的，我们还会用到它。

只把数字写在相间的方格中的约定会非常有用，我会一直利用它。把某个由相间方格组成的序列称为 F-格，另一个称为 E-格。E-格中的符号可以擦除。F-格中的符号组成一个连续的序列。在到达纸带末端之前不会出现空格。在每对 F-格间只需要一个 E-格，明显需要多个 E-格时，可允许在 E-格中打印足够多样的符号。如果符号 β 在 F-格 S 中，符号 α 在紧邻 S 右侧的 E-格中，那么把 S 和 β 称为用 α 标记的。把打印这个 α 的过程称

为用 α 标记 β （或 S）。

四　缩略表

几乎所有机器都会使用这些类型的过程，并且在有的机器中，这些过程在多种情况下被使用。这些过程包括复制符号序列、比较序列、删除某一形式的所有符号等。在使用它们的地方，可以用"骨架表"来大大简化表中的 m-格局。骨架表中通常使用大写德文字母和小写希腊字母。这些是"变量"的性质。用 m-格局替换大写德文字母，并用符号替换小写希腊字母，能得出 m-格局的表格。

骨架表仅仅是缩略表，并非不可或缺。只要读者了解如何由骨架表得到完整的表，这里就没有必要给出任何明确的定义了。

考虑一个例子：

m-格局	符号	行为	最终 m-格局	
$\mathfrak{f}(\mathfrak{C}, \mathfrak{B}, \alpha)$	ǝ	L	$\mathfrak{f}_1(\mathfrak{C}, \mathfrak{B}, \alpha)$	在 m-格局 $\mathfrak{f}(\mathfrak{C}, \mathfrak{B}, \alpha)$ 中，机器找到左边最远的 α 符号（第一个 α），随后 m-格局变为 $\mathfrak{C}$。如果没有 α 那么 m-格局变为 $\mathfrak{B}$
	并非 ǝ	L	$\mathfrak{f}(\mathfrak{C}, \mathfrak{B}, \alpha)$	
$\mathfrak{f}_1(\mathfrak{C}, \mathfrak{B}, \alpha)$	α		$\mathfrak{C}$	
	并非 α	R	$\mathfrak{f}_1(\mathfrak{C}, \mathfrak{B}, \alpha)$	
	无	R	$\mathfrak{f}_2(\mathfrak{C}, \mathfrak{B}, \alpha)$	
$\mathfrak{f}_2(\mathfrak{C}, \mathfrak{B}, \alpha)$	α		$\mathfrak{C}$	
	并非 α	R	$\mathfrak{f}_1(\mathfrak{C}, \mathfrak{B}, \alpha)$	
	无	R	$\mathfrak{B}$	

如果用 q 代替所有 $\mathfrak{C}$，用 r 代替所有 $\mathfrak{B}$，并用 x 代替所有 α，能得到一个 m-格局 $\mathfrak{f}$（q，r，x）的完整表。称 $\mathfrak{f}$ 为一个"m-格局函数"或"m-函数"。

m-函数中允许被替换的表达式只有机器的 m-格局和符号。必须把它们明确地列举出来：它们可能包括例如 $\mathfrak{p}$（e，x）的表达式；而它们如果使用了 m-函数，则必须包括这样的表达式。如果不坚持明确地列举，而只是陈述机器有特定的 m-格局（列举出来）以及所有由代换某些 m-函数中的 m-格局得出的 m-格局，那么通常会得到无穷多个 m-格局。例如，假设机器拥有 m-格局 q 以及所有可由代换 $\mathfrak{p}$ (ℭ) 中的某个 m-格局 ℭ 后得到的 m-格局，那么这台机器有 m-格局 q，$\mathfrak{p}$ (q)，$\mathfrak{p}$ ($\mathfrak{p}$ (q))，$\mathfrak{p}$ ($\mathfrak{p}$ ($\mathfrak{p}$ (q)))，…

于是解释规则如下：已知机器的 m-格局的名字，这些名字大多是由 m-函数表达的。我们需要机器的 m-格局的完整表，该表由在骨架表中的重复代换得到。

更多例子：

（解释中符号"→"表示"机器转向 m-格局…"）

$e(ℭ, \mathfrak{B}, α)$	$f(e_1(ℭ, \mathfrak{B}, α), \mathfrak{B}, α)$	由$e(ℭ, \mathfrak{B}, α)$第一个 $α$ 被擦除，
$c_1(ℭ, \mathfrak{B}, α)$ E	ℭ	并且→ℭ，如果没有 $α$ 那么 →$\mathfrak{B}$
$e(\mathfrak{B}, α)$	$e(e(\mathfrak{B}, α), \mathfrak{B}, α)$	由$e(\mathfrak{B}, α)$所有字母 $α$ 都被擦除 并且→$\mathfrak{B}$

最后一个例子似乎最难理解。假设某个机器的 m-格局中有 e (b，x)（假设 $=q$）。这个表是：

$e(b, x)$	$e(e(b, x), b, x)$
q	$e(q, b, x)$

或者更详细地表示为：

q	$e(q, b, x)$
$e(q, b, x)$	$f(e_1(q, b, x), b, x)$
$e_1(q, b, x)$ E	q

这里用 q' 代替 e_1 (q，b，x)，并给出 f 的表（进行正确的代换），最终得到一个不含 m-函数的表。

$pe(ℭ, β)$		$f(pe_1(ℭ, β), ℭ, ə)$	经过$pe(ℭ, β)$，机器在符号序列的末尾打印 $β$，然后→ℭ
$pe_1(ℭ, β)$	任意 R, R	$pe_1(ℭ, β)$	
	无 $Pβ$	ℭ	
$l(ℭ)$	L	ℭ	经过$f'(ℭ, \mathfrak{B}, α)$与$f(ℭ, \mathfrak{B}, α)$类似，不同的是它在→ℭ 之前需要向左移动
$r(ℭ)$	R	ℭ	

$f'(ℭ,𝔅,α)$	$f(l(ℭ),𝔅,α)$	$c(ℭ,𝔅,α)$，表示机器在尾部写下由 $α$ 标记的第一个符号，然后 $→ℭ$
$f''(ℭ,𝔅,α)$	$f(r(ℭ),𝔅,α)$	
$c(ℭ,𝔅,α)$	$f'(c_1(ℭ),𝔅,α)$	
$c_1(ℭ)$　　　$β$	$pe(ℭ,β)$	

最后一行代表了用机器的纸带上可能出现的任意符号代替 $β$ 后得到的所有的行。

$ce(ℭ,𝔅,α)$	$c(e(ℭ,𝔅,α),𝔅,α)$	$ce(𝔅,α)$，表示机器从尾部按顺序复制所有用 $α$ 标记的符号，然后擦除这些 $α$，最后 $→𝔅$
$ce(𝔅,α)$	$ce(ce(𝔅,α),𝔅,α)$	
$re(ℭ,𝔅,α,β)$	$f(re_1(ℭ,𝔅,α,β),𝔅,α)$	$re(ℭ,𝔅,α,β)$，机器用 $β$ 来替换首个 $α$ 并 $→ℭ$，若没有 $α$，则 $→𝔅$
$re_1(ℭ,𝔅,α,β)$　$E,Pβ$	$ℭ$	
$re(𝔅,α,β)$	$re(re(𝔅,α,β),𝔅,β)$	$re(𝔅,α,β)$，机器用 $β$ 替代所有 $α$，然后 $→β$
$cr(ℭ,𝔅,α)$	$c(re(ℭ,𝔅,α,α),𝔅,α)$	$cr(𝔅,α)$ 和 $ce(𝔅,α)$ 的区别仅在于，前者的 $α$ 不被擦除。当纸带上没有 $α$ 时，m-格局 $cr(𝔅,α)$ 就被转走
$cr(𝔅,α)$	$cr(cr(𝔅,α),re(𝔅,α,α),α)$	
$cp(ℭ,𝔄,𝔈,α,β)$	$f'(cp_1(ℭ_1𝔄,β),f(𝔄,𝔈,β),α)$	
$cp_1(ℭ,𝔄,β)$　　　$γ$	$f'(cp_2(ℭ,𝔄,γ),𝔄,β)$	
$cp_2(ℭ,𝔄,γ)$　$\left\{\begin{array}{l}γ\\ 并非\ γ\end{array}\right.$	$\begin{array}{l}ℭ\\ 𝔄\end{array}$	

比较第一个 $α$ 标记的符号和第一个 $β$ 标记的符号。若既没有标记 $α$ 也没有标记 $β$，则 $→𝔈$。如果标记 $α$ 和 $β$ 都存在，并且标记的符号相同，那么 $→ℭ$；否则 $→𝔄$。

　　　$cpe(ℭ,𝔄,𝔈,α,β)$　　　　$cp(e(e(ℭ,ℭ,β),ℭ,α),𝔄,𝔈,α,β)$

$cpe(ℭ,𝔄,𝔈,α,β)$ 与 $cp(ℭ,𝔄,𝔈,α,β)$ 的不同之处在于，如果存在一对相同的符号，那么第一个 $α$ 和 $β$ 被擦除。

　　　$cpe(𝔄,𝔈,α,β)$　　　　$cpe(cpe(𝔄,𝔈,α,β)𝔄,𝔈,α,β)$

cpe（$\mathfrak{A}$，$\mathfrak{E}$，α，β）. 比较 α 标记的符号序列和 β 标记的符号序列。如果它们相同，那么→$\mathfrak{E}$，否则→$\mathfrak{A}$。一些 α 和 β 将被擦除。

m-格局	符号	操作	最终 m-格局	说明
$q(\mathfrak{C})$	任意	R	$q(\mathfrak{C})$	$q(\mathfrak{C}, α)$. 机器找到由 α 标记的最后一个符号，→$\mathfrak{C}$
	无	R	$q_1(\mathfrak{C})$	
$q_1(\mathfrak{C})$	任意	R	$q(\mathfrak{C})$	$pe_2(\mathfrak{C}, α, β)$.机器在最后打印 αβ
	无		$\mathfrak{C}$	
$q(\mathfrak{C}, α)$			$q(q_1(\mathfrak{C}, α))$	$ce_3(\mathfrak{B}, α, β, γ)$.机器在最后先把标记为 α 的符号，再把标记为 β 的符号，最后把标记为 γ 的符号复制下来，之后擦除 α、β、γ 符号
$q_1(\mathfrak{C}, α)$	α		$\mathfrak{C}$	
	并非 α	L	$q_1(\mathfrak{C}, α)$	
$pe_2(\mathfrak{C}, α, β)$			$pe(pe(\mathfrak{C}, β), α)$	
$ce_2(\mathfrak{B}, α, β)$			$ce(ce(\mathfrak{B}, β), α)$	
$ce_3(\mathfrak{B}, α, β, γ)$			$ce(ce_2(\mathfrak{B}, β, γ), α)$	
$e(\mathfrak{C})$	ə	R	$e_1(\mathfrak{C})$	
	并非 ə	L	$e(\mathfrak{C})$	
$e_1(\mathfrak{C})$	任意	R, E, R	$e_1(\mathfrak{C})$	从 $e(\mathfrak{C})$ 起所有被标记的符号的标记都被擦除，→$\mathfrak{C}$
	无		$\mathfrak{C}$	

五 可计算序列的枚举

一个可计算序列 γ 是由对计算 γ 的机器的描述决定的。因此，序列 001011011101111…是由第 234 页[①]的表决定的。事实上，任何可计算序列都可以通过这样的表描述。

把这些表转换成标准形式是有用的。首先假设表是以与第 233 页[②]例 I 中的表相同的形式给出的。也就是说，操作列中或者有具有下列形式之一的条目，即 E：E，R：E，L：Pα，R：Pα，L：R：L，或者没有任何条目。通过引入更多的 m-格局，总是可以把表转换为这种形式。现在像在 §1 中一样把 m-格局编号为 q_1，…，q_R。初始 m-格局总是被称为 q_1。同

---

① 指原载刊物第 234 页，即本文第 6 页。后文中的页码均指原载刊物的页码。——译者注
② 即本文第 4 页。——译者注

时把符号编号为 S_1，…，S_m，尤其注意：空 = S_0，0 = S_1，1 = S_2。表的行具有如下形式：

m-格局	符号	操作	最终 m-格局	
q_i	S_j	PS_k, L	q_m	（N_1）
q_i	S_j	PS_k, R	q_m	（N_2）
q_i	S_j	PS_k	q_m	（N_3）

如下的行：

q_i	S_j	E, R	q_m

将被写成：

q_i	S_j	PS_0, R	q_m

而如下的行：

q_i	S_j	R	q_m

将被写成：

q_i	S_j	PS_j, R	q_m

如此可以把表的每一行都化简为（N_1）、（N_2）或（N_3）的形式。

由形式为（N_1）的每行可以得到一个表达式 $q_i S_j S_k L q_m$；由形式为（N_2）的每行可以得到一个表达式 $q_i S_j S_k R q_m$；由形式为（N_3）的每行可以得到一个表达式 $q_i S_j S_k N q_m$。

写下所有像这样从机器的表中形成的表达式，并用分号把它们分开。现在有一个对机器的完整描述。在这个描述中用字母"D"和后面重复 i 次的字母"A"代替 q_i，用字母"D"和后面重复 j 次的字母"C"代替 S_j。把这种对机器的新描述方法称为标准描述（S. D）。标准描述完全是由"；"和字母"A"、"C"、"D"、"L"、"R"和"N"组成的。

最后，如果用"1"代替"A"，用"2"代替"C"，用"3"代替"D"，用"4"代替"L"，用"5"代替"R"，用"6"代替"N"，并用"7"代替"；"，能得到一个阿拉伯数字形式的机器描述。由这些数表示的整数被称为机器的描述数（D. N）。描述数唯一决定了标准描述和机器的结构。描述数为 n 的机器可以被描述为 $\mathcal{M}$（n）。

每个可计算序列至少对应一个描述数，不存在对应多个可计算序列的描述数。可计算数和可计算序列因此是可枚举的。

找出 §3 中的机器 I 的描述数。重命名 m-格局后，该机器的表变成：

$$q_1 \quad S_0 \quad PS_1, R \quad q_2$$
$$q_2 \quad S_0 \quad PS_0, R \quad q_3$$
$$q_3 \quad S_0 \quad PS_2, R \quad q_4$$
$$q_4 \quad S_0 \quad PS_0, R \quad q_1$$

通过加入如下无关的行，还可以得到其他的表：

$$q_1 \quad S_1 \quad PS_1, R \quad q_2$$

第一个标准形式是：

$$q_1 S_0 S_1 R q_2; \ q_2 S_0 S_0 R q_3; \ q_3 S_0 S_2 R q_4; \ q_4 S_0 S_0 R q_1;$$

标准描述是：

DADDCRDAA; DAADDRDAAA;

DAAADDCCRDAAAA; DAAAADDRDA;

一个描述数是：

31332531173113353111731113322531111731111335317

另一个描述数是：

31332531173113353111731113322531111731111335317731323253117

称非循环机的描述数为可接受数。§8 会指出，不存在能判定给定的数是不是可接受数的通用程序。

六　通用计算机

发明一台可以计算任何可计算序列的机器是可能的。如果为这台机器 U 提供一条纸带，纸带开头写入的是某台计算机器 M 的标准描述，那么 U 与 M 将计算相同的序列。在这一节中，我将概括地介绍这种机器的行为。下一节将着重给出 U 的完整表。

首先假设有一台机器 M'，它在纸带的 F-格处写下 M 的连续完全格局。可以使用同第 235 页①一样的形式，利用第二种描述（C），并把所有的符号都写在同一行，来表达这些格局。更好的方法是，用"D"后跟重复适当次"A"构成的符号串代替每个 m‑格局，用"D"后跟重复适当次"C"构成的符号串代替每个符号，以此转换当前的描述（如在§5 中一样）。字母"A"和"C"的数目与§5 中选定的数目保持一致，使"DC"代替"0"，"DCC"代替"1"，"D"代替空。只有在完全格局组合在一起后，才能进行这些替换，如在（C）中一样。如果先进行替换会产生困难。每个完全格局中的空白都必须用"D"替换，这使完全格局不能表示成一个有限的符号序列。

如果在§3 中机器 II 的描述里，用"DAA"替换"ʋ"，用"$DCCC$"替换"ə"，用"$DAAA$"替换"q"，那么序列（C）变成：

$$DA: DCCCDCCCDAADCDDC: DCCCDCCCDAAADCDDC: \cdots \qquad (\mathrm{C}_1)$$

（这是 F‑格处的符号序列。）

不难看出，如果能造出 $\mathcal{M}$，就能造出 $\mathcal{M}'$。可以使 $\mathcal{M}'$ 的操作方式取决于写在自身中（即 $\mathcal{M}'$ 中）的 $\mathcal{M}$ 的操作规则（即标准描述）；每一步都可以参考这些规则执行。我们只要认为可以取出并替换这些规则，便能得到某种本质上非常类似通用机的东西。

有一点被忽略了：机器 $\mathcal{M}'$ 不打印数字。解决这个问题的方法是：在每对连续完全格局间打印新格局中出现而旧格局中不出现的数字。（C_1）变成：

$$DDA: 0: 0: DCCCDCCCDAADCDDC: DCCC. \cdots \qquad (\mathrm{C}_2)$$

E‑格可以为这些必要的"粗活"留下足够的空间。这一点虽然不明显，但事实的确如此。

可以把如（C_1）的表达式中冒号之间的字母序列作为完全格局的标准描述。如果像在§5 中那样用数字代替这些字母，那么可以得到这个完全格局的数字描述，也即描述数。

---

① 即本文第 6 页。——译者注

七　通用机的细节描述

下表给出了通用机的行为。机器能执行的 m-格局就是表中第一列和最后一列中的全部格局，以及写出表中以 m-函数的形式出现的格局的未缩略表后将会出现的所有格局。比如，表中出现的 e（ɑnf）就是一个 m-函数。其未缩略表如下（参见 239 页[①]）：

e(ɑnf)	ə	R	e₁(ɑnf)
	并非 ə	L	e(ɑnf)
e₁(ɑnf)	任意	R, E, R	e₁(ɑnf)
	无		ɑnf

因此，e_1（ɑnf）是 $\mathcal{U}$ 的一个 m-格局。

当 $\mathcal{U}$ 准备工作的时候，穿过它的纸带会在某个 F-格印上符号 ə，并在下一个 E-格也印上 ə。在此之后，只在 F-格上打印机器的标准描述，后跟一个双冒号"::"（双冒号是单个符号，出现在 F-格上）。标准描述由若干指令构成，各指令用分号隔开。

每条指令由五个连续的部分组成：

（i）"D"后跟若干"A"构成的序列，描述相关的 m-格局；

（ii）"D"后跟若干"C"构成的序列，描述扫描符；

（iii）"D"后跟另一若干"C"构成的序列，描述扫描符将转变成的符号；

（iv）"L"、"R"或"N"，描述读写头左移、右移或不移动；

（v）另一个"D"后跟若干"A"构成的序列，描述最终 m-格局。

现在机器 $\mathcal{U}$ 能打印"A"、"C"、"D"、"0"、"1"、"u"、"v"、"w"、"x"、"y"和"z"。标准描述由"；"、"A"、"C"、"D"、"L"、"R"和"N"构成。

辅助的骨架表如下：

---

① 即本文第 10 页。——译者注

$con(\mathbb{C}, \alpha)$			
	并非 A	R, R	$con(\mathbb{C}, \alpha)$
	A	$L, P\alpha, R$	$con_1(\mathbb{C}, \alpha)$

$con_1(\mathbb{C}, \alpha)$			
	A	$R, P\alpha, R$	$con_1(\mathbb{C}, \alpha)$
	D	$R, P\alpha, R$	$con_2(\mathbb{C}, \alpha)$

$con_2(\mathbb{C}, \alpha)$			
	C	$R, P\alpha, R$	$con_2(\mathbb{C}, \alpha)$
	并非 C	R, R	$\mathbb{C}$

$con(\mathbb{C}, \alpha)$, 以 F-格（假设是 S）开始，用 α 标记位于 S 右边最近的那个描述格局的符号序列 C。然后 $\rightarrow \mathbb{C}$ $con(\mathbb{C},)$，进入最终格局时，机器扫描 C 的最后一格右侧的第四格，C 不被标记

$\mathcal{U}$ 的表如下：

b		$f(b_1, b_1, ::)$
b_1	$R, R, P:, R, R,$ PD, R, R, PA	anf
anf		$g(anf_1, :)$
anf_1		$con(fom, y)$

b. 在 :: 之后的 F-格处打印 $:DA$，然后 $\rightarrow$ anf

anf. 机器用 y 标记最后一个完全格局中的格局，然后 $\rightarrow$ fom

fom			
	;	R, P_z, L	$con(fmp, x)$
	z	L, L	fom
	并非 z 也非 ;	L	fom

fmp		$cpe(c(fom, x, y),$ $sim, x, y)$

fom. 机器寻找最后一个没有被 z 标记的 "；"。它把这个 "；" 标记为 z，并且把该 "；" 之后的格局标记为 x

fmp. 机器比较标记为 x 和 y 的序列。擦除所有的 x 和 y。如果这些序列相似那么 $\rightarrow$ sim，否则 $\rightarrow$ fom

anf. 长远地看，与最后的格局相关的最后的指令找到了。因为这条指令跟在用 z 标记的最后一个分号后，所以之后可以被识别出来。然后 $\rightarrow$ sim。

sim			$f'(sim_1, sim_1, z)$
sim_1			$con(sim_2,)$
sim_2 {	A		sim_3
	并非 A	R, Pu, R, R, R	sim_2
sim_3 {	并非 A	L, Py	$e(mf, z)$
	A	L, Py, R, R, R	sim_3

sim. 机器标记出这些指令。表示机器必须执行的操作的指令标记为 u，最终 m-格局标记为 y。擦除 z

mf			$g(mf_1, :)$
mf_1 {	并非 A	R, R	mf_2
	A	L, L, L, L	mf_2
mf_2 {	C	R, Px, L, L, L	mf_2
	:		mf_4
	D	R, Px, L, L, L	mf_3
mf_3 {	并非:	R, Pv, L, L, L	mf_3
	:		mf_4
mf_4			$con(I(I(mf_5)),)$
mf_5 {	任意	R, Pw, R	mf_5
	无	$P:$	sh

mf. 最后一个完全格局被标记成四个部分。这个格局未被标记。它之前的符号标记成 x。其余的完全格局分成两个部分，第一部分标记为 v，第二部分标记为 w。随后打印一个冒号，最后 →sh

sh			$f(sh_1, inst, u)$
sh_1		L, L, L	sh_2
sh_2 {	D	R, R, R, R	sh_2
	并非 D		inst
sh_3 {	C	R, R	sh_4
	并非 C		inst
sh_4 {	C	R, R	sh_5
	并非 C		$pe_2(inst, 0, :)$
sh_5 {	C		inst
	并非 C		$pe_2(inst, 1, :)$

sh. 表示检测标记为 u 的指令。如果指令中包含"打印 0"或"打印 1"，那么在末尾打印 0：或 1：

inst			$g(I(inst_1), u)$
$inst_1$	α	R, E	$inst_1(\alpha)$
$inst_1(L)$			$ce_5(\upsilon b, v, y, x, u, w)$
$inst_1(R)$			$ce_5(\upsilon b, v, x, u, y, w)$
$inst_1(N)$			$ec_5(\upsilon b, v, x, y, u, w)$
υb			$e(anf)$

inst. 写下下一个完全格局，用于执行被标记的指令。擦除字母 u、v、w、x、y。最后 →anf

八　对角线法的应用

可能有人认为，实数不可数的证明同样可以用于证明可计算数及可计算序列不可数。[①] 例如，可能有人认为一个可计算数序列的极限一定是可计算的。显然，这只对在某种规则下定义的可计算数序列成立。

可以应用对角线法。"假设可计算序列是可数的，令 α_n 为第 n 个可计算序列，$\phi_n(m)$ 为 α_n 中的第 m 个数。令 β 为以 $1 - \phi_n(n)$ 为其第 n 个数的序列。因为 β 是可数的，所以存在数 K，使得 $1 - \phi_n(n) = \phi_K(n)$ 对任意 n 成立。令 $n = K$，有 $1 = 2\phi_K(K)$，即 1 是偶数，而这是不可能的。因此可计算序列是不可数的。"

这个证明的谬误在于假设 β 是可计算的。如果能用有限步骤枚举可计算序列，那该证明便是成立的。然而，枚举可计算序列的问题和判断给定的数是不是一个非循环机的标准描述的问题是等同的，没有任何能在有限步内处理这一问题的通用过程。实际上，通过正确地应用对角线法，可以证明这样的通用过程不存在。

关于这个问题最简单也最直接的证明是，如果存在这样的通用过程，那么就存在一台可以计算 β 的机器。这个证明虽然看起来非常可靠，但有一个缺点：它很可能使读者产生"一定有什么地方出了问题"的想法。我将要给出的证明没有这个缺点，同时我的证明会给出对"非循环"这一概念更为明确的见解。它并不依赖于构造 β，而是依赖于构造 β'，β' 的第 n 个数是 $\phi_n(n)$。

假设存在这样一个过程：发明一台机器 $\mathcal{D}$，给 $\mathcal{D}$ 提供任一机器 $\mathcal{M}$ 的标准描述，$\mathcal{D}$ 能够检测这个标准描述，如果 $\mathcal{M}$ 是循环机，那么用符号"u"标记这个标准描述；若 $\mathcal{M}$ 是非循环机，则用符号"s"标记这个标准描述。结合机器 $\mathcal{D}$ 和 $\mathcal{U}$，可以构造机器 $\mathcal{H}$ 来计算序列 β'。机器 $\mathcal{D}$ 需要一条纸带。假设它使用了 F-格上所有符号之外的 E-格，并在最后得出结论时，擦除 $\mathcal{D}$ 及其所做的"粗活"。

机器 $\mathcal{H}$ 的操作分成几个部分。在前 N-1 部分中，处理其他事情的同时，机器 $\mathcal{D}$ 写下整数 1，2，…，N-1 并加以检测。假设 $\mathcal{D}$ 发现这些整数

---

① Cf. Hobson, *Theory of Functions of a Real Variable*, Cambridge University Press, 1921, pp. 87–88.

中有 $R(N-1)$ 个数是非循环机的描述数。在第 N 部分中，机器 $\mathcal{D}$ 检测数 N。若数 N 是可接受的，即它是非循环机的描述数，则 $R(N) = 1 + R(N-1)$，并且计算描述数为 N 的序列的前 $R(N)$ 个数字。通过 H 的计算，这个序列的第 $R(N)$ 个数字被写为序列 β' 的一位。如果 N 是不可接受的，那么 $R(N) = R(N-1)$，机器转向第 $N+1$ 个部分继续运行。

从 $\mathcal{H}$ 的构成可以看出，$\mathcal{H}$ 是非循环的。$\mathcal{H}$ 的每一部分操作都在有限步内结束。由关于 $\mathcal{D}$ 的假设，可在有限步内判定 N 是不是可接受的。如果 N 不可接受，那么第 N 部分结束；如果 N 可接受，那么描述数是 N 的机器 $\mathcal{M}(N)$ 是非循环的，因此第 $R(N)$ 个数字可在有限步内计算得到。当这个数字被计算出并写为 β' 的第 $R(N)$ 个数字时，第 N 部分结束。所以 $\mathcal{H}$ 是非循环的。

令 K 为 $\mathcal{H}$ 的描述数，$\mathcal{H}$ 在第 K 部分的操作是怎样的呢？它必须检测 K 是否可接受，给出一个断言"s"或"u"。因为 K 是 $\mathcal{H}$ 的描述数，而 $\mathcal{H}$ 是非循环机，所以判定结果不可能是"u"。另一方面，判定结果也不可能是"s"。因为如果是"s"，那么机器 $\mathcal{H}$ 的第 K 部分操作将一定要计算以 K 为描述数的机器所产生序列的前 $R(K-1) + 1 = R(K)$ 个数字，并将第 $R(K)$ 个数写下来作为 $\mathcal{H}$ 计算的序列的数字。前 $R(K-1)$ 个数字的计算不会有问题，但是计算第 $R(K)$ 个数字的指令相当于"计算由 $\mathcal{H}$ 计算的前 $R(K)$ 个数字，并写下第 $R(K)$ 个数字"。永远找不到这样的第 $R(K)$ 个数字。换言之，$\mathcal{H}$ 是循环的，这和在上一段的结论以及断言"s"都是相反的。因此两个断言都是不可能的，可以得出结论：机器 $\mathcal{D}$ 是不存在的。

也能进一步证明，不存在机器 ε，在给它提供了任意一台机器 $\mathcal{M}$ 的标准描述后，它可以判断 $\mathcal{M}$ 是否曾经打印过给定的符号（比如 0）。

首先证明，如果存在这样的机器 ε，那么存在一个通用过程来判定机器 $\mathcal{M}$ 是否经常无限次打印 0。令机器 $\mathcal{M}_1$ 打印的序列与机器 $\mathcal{M}$ 打印的序列相同，只是在 $\mathcal{M}$ 打印第一个 0 的地方，$\mathcal{M}_1$ 打印 $\overline{0}$；$\mathcal{M}_2$ 将前两个符号 0 替换成 $\overline{0}$。因此，如果 $\mathcal{M}$ 打印

$$ABA01AAB0010AB\cdots,$$

那么 $\mathcal{M}_1$ 会打印

$$ABA\overline{0}1AAB0010AB\cdots,$$

$\mathcal{M}_2$ 会打印

$$ABA\overline{0}1AAB\overline{0}010AB\cdots.$$

假设有一台机器 $\mathcal{F}$，在给它提供了 M 的标准描述后，$\mathcal{F}$ 连续写出 M，$\mathcal{M}_1$，$\mathcal{M}_2$，…的标准描述（这样的机器是存在的）。将机器 ε 和机器 $\mathcal{F}$ 合并为一个新的机器 $\mathcal{G}$。$\mathcal{G}$ 首先用 $\mathcal{F}$ 写下 M 的标准描述，然后用 ε 来测试它。如果 M 从未打印 0，那么写下：0：；接着 $\mathcal{F}$ 写下 $\mathcal{M}_1$ 的标准描述，这是一次测试。当且仅当 $\mathcal{M}_1$ 从未打印 0 时：0：才会被打印，如此继续下去。现在用 ε 来测试 $\mathcal{G}$。如果发现 $\mathcal{F}$ 从未打印过 0，那么 M 经常无限次打印 0；如果 $\mathcal{F}$ 有时打印 0，那么 M 不经常无限次打印 0。

类似地，也有一个方法来判断 M 是否经常无限次打印 1。将这些过程结合起来能得到一个判断 M 是否打印无穷多的数字的过程，也就是说，有一个过程来判断 M 是不是非循环的。因此不存在机器 ε。

本节中使用的"存在通用过程判断……"的表述，等价于"存在机器能判断……"。可以证明这种用法的正当性，当且仅当，可以证明对"可计算"的定义是合适的。每一个这样的"通用过程"问题都能表示为，判定给定整数 n 是否具有性质 $G(n)$〔例如 $G(n)$ 表示"n 是可接受的"或者"n 是一个可证明公式的哥德尔表达"〕的通用过程，并且等价于计算一个数，即若 $G(n)$ 为真，则该数的第 n 位数字为 1，否则为 0。

九　可计算数的限度

现在尚未证明，"可计算数"包括所有被自然地当作可计算的数字。所有能给出的论据本质上都诉诸直觉，没有令人满意的数学说服力。真正有争议的问题是："对数进行计算的可执行的过程有哪些？"

我的证明有三类：

（a）直觉的引导；

（b）关于两种定义的等价的证明（新的定义有更多的直觉成分）；

（c）给出大量可计算数的例子。

一旦承认所有的可计算数都是"可以计算的"，便会产生具有相同特征的另外一些命题。特别是可以得出，如果存在可以判定希尔伯特函数演算的公式是否可证明的通用过程，那么这个判定就可以用机器执行。

I. ［类型（a）］

这个证明只是对§1观点的详细阐述。

计算通常通过在纸上书写某些符号来完成。假设这张纸就像小孩子的算术书，分成一个个方格。初等算术有时会利用纸的二维性。但是，这种做法是可避免的，并且我认为，纸的二维特性对于计算并不重要这一点应当是能得到广泛认同的。我假设计算是在一维纸上完成的，例如在一条分成方格的纸带上。另外，我也会假设可打印符号的数目是有限的。如果允许无限的数目，那么将存在一些差异程度任意小的符号。① 限制符号数目并不会有严重的影响。总是可以使用符号序列代替单个符号。因此像 17 或 999999999999999 这样的阿拉伯数字通常被认为是单个符号。类似地，任何欧洲语言里的单词都被当作单个符号（但是，汉语倾向于拥有可枚举的无限的符号）。单一符号和组合符号的区别在于，太长的组合符号不能一眼就识别出来。这是与经验相一致的。我们不能一下子就辨别出 9999999999999999 与 999999999999999 是不是同一个数。

计算者任一时刻的行为都由彼时他观察到的符号和他的"思维状态"决定。可以假设，存在一个观察者能在同一时刻观察到的符号或方格数目的

---

① 如果把符号当作打印在方格上的，那么可以假设方格满足 $0 \leqslant x \leqslant 1$，$0 \leqslant y \leqslant 1$。符号被定义为方格上点的集合，即被打点机的墨占据的集合。如果限定这些集合为可测量的，将单位面积的打点机的墨移动单位距离产生的墨的消耗是统一的，并且在 $x = 2$，$y = 0$ 处有无限的墨供应，那么可以定义两个符号间的"距离"为一个符号转换到另一个符号产生的墨的消耗。在这种拓扑结构下，符号组成了一个空间，该空间是有条件紧凑的。

上限 B。如果他想观察到更多，就必须进行接连的观察。同时假定，需要考虑的思维状态的数量是有限的。这样做的理由和限制符号数目的理由是相同的。如果允许思维状态是无限的，那么有些状态将会因"无限地相似"而造成混淆。同样地，这种限制不会对计算造成很大的影响，因为可以通过在纸带上写下更多的符号来避免使用更复杂的思维状态。

想象一下，把机器的操作分解成"简单操作"，即最基本的操作，无法想象它们能够再分解。每个这样的操作都是由计算者及其纸带组成的物理系统的变化构成的。如果知道纸带上的符号序列，就知道系统的状态，这些都是由计算者（可能通过特定次序）和计算者的思维状态观察到的。假设在一个简单操作里最多有一个符号会改变。所有其他的变化都可以分解成这种简单变化。通过这种变化，符号会被改变的那些方格的情况与被观察到的方格相同。因此，可以不失一般性地假设：符号变化的方格总是那些"被观察"的方格。

除了这些符号上的改变，简单操作还必须包含被观察方格分布的变化。新的被观察方格必须可以立即被计算者识别。我想可以合理地假设这些方格与离前一个被观察的方格最近的方格间的距离不超过一定的值。假设每个新观察到的方格与前一个被观察到的方格间的距离不超过 L。

谈到"立即识别"，可能有人认为存在其他类型的能被立即识别的方格。用特殊符号标记的方格尤其可能被认为是可立即识别的。若这些方格由单个符号标记，那么这样的方格的数目就是有限的。把这些被标记的方格与被观察的方格毗连起来不会违背我们的理论。另一方面，如果方格是由符号序列标记的，就不能将识别过程当作一个简单过程。这是一个应该解释的基本出发点。在绝大多数数学论文里，方程和定理都会被附上标号。通常，这些标号可能不会超过 1000，因此看一眼标号就能迅速识别一个定理。但是如果论文很长，标记的定理可能到 157767733443477 号，接着在后文中可能发现"……因此通过应用 157767733443477 号定理，可以得到……"。为了确定相关定理，需要一位一位地比较两个数，可能需要用铅笔将比较过的数字划掉以免重复比较同一位数字。如果尽管如此还有人认为存在其他能被

"立即识别"的方格，只要我的机器运行的过程能找到这些方格，就不会与我的理论相违背。这个观点会在下文的 III 中进一步阐述。

因此，简单操作必须包括：

（a）被观察方格上符号的改变。

（b）将一个被观察方格移动到与之前被观察的方格距离 L 以内的位置上。

这些改变有可能涉及思维状态的转变。因此，最普遍意义上的单个操作必须是下列情况之一：

（A）一个可能的符号改变（a）以及一个可能的思维状态转变。

（B）一个可能的被观察方格改变（b）以及一个可能的思维状态转变。

第 250 页①已经说过，实际执行的操作是由计算者的思维状态和被观察的符号所决定的。它们也决定了操作执行后，计算者的思维状态就确定了。

现在可以构造一台执行这种计算者工作的机器了。对于计算者的每个思维状态，机器都有相应的一个 m-格局。对应计算者观察 B 方格，机器扫描 B 方格。对应一次移动，机器要么改变被扫描方格上的符号，要么将任意一个被扫描方格移动到距离其他被扫描方格不超过 L 的位置。完成了的移动和后续的格局都是由扫描符和 m-格局决定的。这里描述的机器与 §2 定义的计算机本质上没有大的区别，对应于任意这类机器，都可以构造一个计算机器去计算相同的序列，也就是由计算者计算的序列。

II. ［类型（b）］

如果修改希尔伯特的谓词演算②中的记号，使它们系统化并且只涉及有限多个符号，那么就有可能构造一台自动③机器 $\mathcal{K}$，用来寻找演算过程中所

---

① 即本文第 20 页。——译者注

② "谓词演算"在全文中都指受限的希尔伯特谓词演算。

③ 最自然的做法是先构造一台选择机（§2）。但构造满足需求的自动机是简单的。假设选择都是在 0 和 1 两个选项间做出的。然后每个证明都由选择序列 i_1，i_2，$\cdots$，i_n（$i_1 = 0$ 或 1，$i_2 = 0$ 或 1，$\cdots$，$i_n = 0$ 或 1）决定，因此数字 $2^n + i_1 2^{n-1} + i_2 2^{n-2} + \cdots + i_n$ 完全决定了证明。自动机相继执行证明 1，证明 2，证明 3，……

有可证明的公式。①

令 α 是一个序列，用 $G_\alpha(x)$ 表示命题"α 的第 x 个数字是 1"，$-G_\alpha(x)$ 表示"α 的第 x 个数字是 0"。② 假设可以找到一个性质集合，该集合定义序列 α，并且可以用 $G_\alpha(x)$ 和命题函数 $N(x)$、$F(x, y)$ 来表达这些性质，其中，$N(x)$ 表示"x 是一个非负整数"，$F(x, y)$ 表示 $y = x + 1$。用合取符号把这些公式连接起来，可以得到一个定义 α 的公式 $\mathfrak{A}$。$\mathfrak{A}$ 中的项必须包含皮亚诺公理中的必要部分，也就是：

$$(\exists u)N(u) \& (x)(N(x) \to (\exists y)F(x, y)) \& (F(x, y) \to N(y)),$$

后文将其简写作 P。

"$\mathfrak{A}$ 定义 α"的意义是 $-\mathfrak{A}$ 不是一个可证明的公式，并且对每一个 n，下列公式 (A_n) 与 (B_n) 中的一个是可证明的。

$$\mathfrak{A} \& F^{(n)} \to G_\alpha(u^{(n)}) \qquad\qquad (A_n)③$$

$$\mathfrak{A} \& F^{(n)} \to (-G_\alpha(u^{(n)})) \qquad\qquad (B_n)$$

其中 $F^{(n)}$ 代表 $F(u, u') \& F(u', u'') \& \cdots F(u^{(n-1)}, u^{(n)})$。

我认为此时的 α 是一个可计算序列：稍微修改 $\mathcal{K}$，便得到一个可以计算 α 的机器 $\mathcal{K}_\alpha$。

把 $\mathcal{K}_\alpha$ 的操作分成几个部分。第 n 个部分用来寻找序列 α 的第 n 位数字。第 $(n-1)$ 个部分完成以后，在所有符号的末尾打印一个双冒号::，后续的工作全都在这个双冒号右边的格中进行。第一步是写入字母"A"，随后写下公式 (A_n)，以及"B"后跟 (B_n)。随后，机器 $\mathcal{K}_\alpha$ 开始从事 $\mathcal{K}$ 的工作，但是当一个可证明的公式被找到时，比较这个公式与 (A_n) 和 (B_n)。如果它和 (A_n) 相同，就打印数字 1，然后第 n 个部分结束。如果它和 (B_n) 相同，就打印 0，第 n 个部分结束。如果它和 (A_n)、(B_n) 都不相同，那么 $\mathcal{K}$ 就从它停止的点继续工作，迟早会遇到 (A_n) 或 (B_n) 中的一个。这可以

---

① 作者找到了这样一台机器的描述。

② 否定符号写在表达式前面，而不是上面。

③ 有 r 个" ' "的序列记为 $^{(r)}$。

从对 α 和 𝔄 所做的假设，以及 𝒦 的性质中推出。因此，第 n 个部分最终会结束。𝒦ₐ 是非循环的，α 是可计算的。

也能证明，可以通过这种使用公理的方法定义的数字 α 包含了所有的可计算数，证明方法是借助函数演算描述计算机器。

必须牢记，我们为"𝔄 定义 α"这句话赋予了一个特别的含义。可计算数不包括所有（一般意义上）的可定义数。假设 δ 是一个序列，根据 n 是否可接受，它的第 n 位数字为 1 或 0。由 §8 中的定理可以直接得出 δ 是不可计算的。（就现在所知）给定数目的 δ 中的数字是可计算的，但是无法采用统一的过程。一旦已经计算了过多的 δ 的数字，就有必要采用一个本质上更新颖的方法来得到更多的数字。

III. 这一部分可以看成是对 I 的修改或 II 的推论。

与 I 中类似，假设计算在一个纸带上进行，但是通过考虑一个更加机械而确定的过程作为替代，可以避免引入"思维状态"这一概念。计算者总是能在某个时刻暂停，转向其他的操作，还可以在经过一段时间后返回到之前停止的点继续运行。如果他这样运行，那么他必须记录一些指令（以某种标准形式写入纸带），以便阐明如何继续已经停止的工作。这个记录是"思维状态"的替代。假设计算者将以这种不连贯的方式运行：他每次只能执行一个步骤。记录的指令必须使计算者可以执行一个步骤，并且写入下一条记录。因此，计算过程中任何阶段的状态都完全由记录的指令和纸带上的符号决定。也就是说，可以采用单一的表达式（符号序列）来描述系统的状态，这个表达式是由符号、之后的 Δ（假设 Δ 不会在其他地方出现）和指令记录组成的，可以称这个表达式为"状态公式"。每个给定阶段的状态公式都是由上一个步骤进行之前的状态公式决定的，假定这两个公式之间的关系可以采用函项演算来表示。换句话说，假定存在一个公理 𝔄，它表达了借由任意阶段的状态公式和前一阶段的状态公式之间的关系管理计算机的行为。如果 𝔄 确实存在，那么可以构造一台机器，来写下连续的状态公式，以计算需要的数。

十 大量可计算数的例子

从定义整数变量和可计算变量的可计算函数开始是有用的。有很多等价的方法用来定义整数变量的可计算函数。下面的定义可能是最简单的。如果 γ 是一个可计算序列，其中 0 经常无穷次①出现，并且 n 是一个整数，那么定义 $\xi(\gamma, n)$ 为 γ 中第 n 个 0 和第 $(n+1)$ 个 0 之间数字 1 的个数。如果对于所有的 n，存在 γ 使得 $\phi(n) = \xi(\gamma, n)$，那么 $\phi(n)$ 是可计算的。一个等价的定义是：定义 $H(x, y)$ 为 $\phi(x) = y$。然后，如果能找到一个不含矛盾的公理 $\mathfrak{A}_\phi$，使得 $\mathfrak{A}_\phi \to P$，并且如果对每个整数 n 都存在一个整数 N，使得

$$\mathfrak{A}_\phi \& F^{(N)} \to H(u^{(n)}, u^{(\phi(n))}),$$

并使得，如果 $m \neq \phi(n)$，存在 N'，

$$\mathfrak{A}_\phi \& F^{(N')} \to (-H(u^{(n)}, u^{(m)})),$$

那么可以说 ϕ 是一个可计算函数。

因为没有描述实数的一般方法，所以无法定义实数变量的一般可计算函数。但是，可以定义可计算变量的可计算函数。如果 n 是可接受的，假定 γ_n 是机器 $\mathcal{M}(n)$ 计算得到的数字，并且

$$\alpha_n = \tan(\pi(\gamma_n - \frac{1}{2})),$$

除非 $\gamma_n = 0$ 或者 $\gamma_n = 1$，在这两种情况中的一种中，$\alpha_n = 0$。随着 n 遍历可接受数，α_n 遍历可计算数。② 令 $\phi(n)$ 为一个可计算函数，对任意的可接受参数，它的值都是可接受的。③ 定义为 $f(\alpha_n) = \alpha_{\phi(n)}$ 的函数 f 是一个可计算函数，并且所有可计算变量的可计算函数都可以表示成这种形式。

可以用相似的方法定义包含几个变量的可计算函数、包含整数变量且值

---

① 如果 $\mathcal{M}$ 计算 γ，那么 $\mathcal{M}$ 是否经常打印 0 的问题就与 $\mathcal{M}$ 是否非循环的问题具有相同的特点。

② 一个函数 α_n 可以为了遍历可计算数而以多种其他方式定义。

③ 尽管找到一种判断给定的数是否可接受的通用过程是不可能的，证明某一特定类的数字可接受却经常是可能的。

为可计算数的函数，等等。

我将给出一些关于可计算性的定理，但是只证明（ii）及一个与（iii）相似的定理。

（i）以整数或可计算数为变量的可计算函数的可计算函数是可计算的。

（ii）可计算函数递归定义的整数变量的任意函数都是可计算的。例如，若 $\phi(m, n)$ 是可计算的，r 是整数，则 $\eta(n)$ 是可计算的，其中，

$$\eta(0) = r,$$
$$\eta(n) = \phi(n, \eta(n - 1))$$

（iii）若 $\phi(m, n)$ 是两个整数变量的可计算函数，则 $\phi(n, m)$ 是 n 的可计算函数。

（iv）如果 $\phi(n)$ 是值总为 0 或 1 的可计算函数，那么第 n 位数字为 $\phi(n)$ 的序列是可计算的。

如果用"可计算数"替换所有"实数"，那么以一般形式表示的戴德金定理就不成立了。但是用下面的形式表示，戴德金定理仍然成立：

（v）如果 $G(\alpha)$ 是可计算数的命题函项，并且

（a）$(\exists \alpha)(\exists \beta)\{G(\alpha) \& (- G(\beta))\}$，

（b）$G(\alpha) \& (- G(\beta)) \to (\alpha < \beta)$，

并且存在判定 $G(\alpha)$ 真值的通用过程，那么存在一个可计算数 ξ 满足：

$$G(\alpha) \to \alpha \leq \xi,$$
$$- G(\alpha) \to \alpha \geq \xi$$

换句话说，对于任意的可计算数，只要存在判定某个给定的数属于哪一类的通用过程，戴德金定理都是成立的。

由于戴德金定理的这个局限性，无法主张一个可计算的有界递增可计算数序列有可计算的极限。考虑下面的序列可能有助于理解：

$$-1, \quad -\frac{1}{2}, \quad -\frac{1}{4}, \quad -\frac{1}{8}, \quad -\frac{1}{16}, \frac{1}{2}, \cdots$$

另一方面，（v）使我们可以证明：

（vi）如果 α 和 β 是可计算的，且 $\alpha < \beta$，$\phi(\alpha) < 0 < \phi(\beta)$，其中，

$\phi(\alpha)$ 是一个可计算的递增连续函数，那么存在唯一的可计算数 γ 满足 $\alpha <$ $\gamma < \beta$ ，且 $\phi(\gamma) = 0$。

可计算收敛

如果对于可计算变量 ε 存在一个可计算整数函数 $N(\varepsilon)$ ，使得若 $\varepsilon > 0$， $n > N(\varepsilon)$ ，$m > N(\varepsilon)$ ，则 $|\beta_n - \beta_m| < \varepsilon$ ，那么称这个由可计算数组成的序列 β_n 是可计算收敛的。

于是可以证明：

（vii） 如果一个幂级数的系数构成了一个可计算数的可计算序列，那么这个幂级数在其收敛域内的可计算点处是可计算收敛的。

（viii） 可计算收敛序列的极限是可计算的。

根据"一致可计算收敛"明显的定义，有：

（ix） 由可计算函数组成的，一致可计算收敛的可计算序列，其极限是可计算函数。因此：

（x） 系数组成可计算序列的幂级数的和是在其收敛域内的可计算函数。

由 （viii） 和 $\pi = 4\left(1 - \dfrac{1}{3} + \dfrac{1}{5} - \cdots\right)$ 可推出 π 是可计算的。

由 $e = 1 + 1 + \dfrac{1}{2!} + \dfrac{1}{3!} + \cdots$ 可推出 e 是可计算的。

由 （vi） 可推出所有的实代数数都是可计算的。

由 （vi） 和 （x） 可推出贝塞尔函数的实零点是可计算的。

(ii) 的证明

令 $H(x, y)$ 表示" $\eta(x) = y$ "，$K(x, y, z)$ 表示" $\phi(x, y) = z$ "。 $\mathfrak{A}_{\phi}$ 是 $\phi(x, y)$ 的公理。将 $\mathfrak{A}_{\eta}$ 定义为：

$$\mathfrak{A}_{\phi} \& P \&(F(x, y) \rightarrow G(x, y)) \&(G(x, y) \& G(y, z) \rightarrow G(x, z))$$
$$\&(F^{(r)} \rightarrow H(u, u^{(r)})) \&(F(v, w) \& H(v, x) \& K(w, x, z) \rightarrow H(w, z))$$
$$\&[H(w, z) \& G(z, t) v G(t, z) \rightarrow (-H(w, t))]$$

我不会给出 $\mathfrak{U} A_\eta$ 一致性的证明。这个证明可以由希尔伯特和贝奈斯所著《数学基础》（柏林，1934）一书第 209 页中所使用的方法构造。对这个含义而言一致性也非常清楚。

假设对于某个 n 和 N，我们证明了：

$$\mathfrak{U}_\eta \& F^{(N)} \to H(u^{(n-1)}, u^{(\eta(n-1))}),$$

那么对于某个 M，

$$\mathfrak{U}_\phi \& F^{(M)} \to K(u^{(n)}, u^{(\eta(n-1))}, u^{(\eta(n))}),$$

$$\mathfrak{U}_\eta \& F^{(M)} \to F(u^{(n-1)}, u^{(n)}) \& H(u^{(n-1)}, u^{(\eta(n-1))}),$$

$$\& K(u^{(n)}, u^{(\eta(n-1))}, u^{(\eta(n))}),$$

并且

$$\mathfrak{U}_\eta \& F^{(M)} \to [F(u^{(n-1)}, u^{(n)}) \& H(u^{(n-1)}, u^{(\eta(n-1))})$$

$$\& K(u^{(n)}, u^{(\eta(n-1))}, u^{(\eta(n))}) \to H(u^{(n)}, u^{(\eta(n))})]$$

因此

$$\mathfrak{U}_\eta \& F^{(M)} \to H(u^{(n)}, u^{(\eta(n))})$$

并且

$$\mathfrak{U}_\eta \& F^{(r)} \to H(u, u^{(\eta(0))})$$

因此对每个 n，存在形式如下的公式

$$\mathfrak{U}_\eta \& F^{(M)} \to H(u^{(n)}, u^{(\eta(n))})$$

可证明。同样，如果 $M' \geq M$，$M' \geq m$，$m \neq \eta(u)$，那么

$$\mathfrak{U}_\eta \& F^{(M')} \to G(u^{\eta(n)}, u^{(m)}) v G(u^{(m)}, u^{(\eta(n))})$$

并且

$$\mathfrak{U}_\eta \& F^{(M')} \to [\{G(u^{(\eta(n))}, u^{(m)}) v G(u^{(m)}, u^{(\eta(n))})$$

$$\& H(u^{(n)}, u^{(\eta(n))})\} \to (- H(u^{(n)}, u^{(m)}))]$$

因此

$$\mathfrak{U}_\eta \& F^{(M')} \to (- H(u^{(n)}, u^{(m)}))$$

对于可计算函数的第二个定义的条件也满足了。因此，η 是一个可计算函数。

(iii) 的变式的证明

假设存在机器 $\mathcal{N}'$，该机器初始时的 m-格局为 b，配备一条以 ɔɔ 开始

且在后面的 F-格中有任意个字母"F"的纸带。$\mathcal{N}'$ 根据"F"的个数 n 来计算序列 γ_n。如果 $\phi_n(m)$ 是 γ_n 的第 m 个数字,那么第 n 个数字为 $\phi_n(n)$ 的序列 β 是可计算的。

同样假设 $\mathcal{N}'$ 的表写成了如下的形式:每一行的操作列中只有一个操作。同样假设 Ξ,Θ,$\overline{0}$,和 $\overline{1}$ 都没有在表中出现,并用 Θ 代换所有 ə,用 $\overline{0}$ 代换 0,用 $\overline{1}$ 代换 1。然后做进一步的代换。如下的所有行

$$\mathfrak{A} \qquad \alpha \qquad P\overline{0} \qquad \mathfrak{B}$$

替换为:

$$\mathfrak{A} \qquad \alpha \qquad P\overline{0} \qquad re(\mathfrak{B}, u, h, k)$$

如下的所有行

$$\mathfrak{A} \qquad \alpha \qquad P\overline{1} \qquad \mathfrak{B}$$

替换为:

$$\mathfrak{A} \qquad \alpha \qquad P\overline{0} \qquad re(\mathfrak{B}, b, h, k)$$

并且在表中增加以下几行:

u		$pe(u_1, 0)$
u_1	$R, Pk, R, P\Theta, R, P\Theta$	u_2
u_2		$re(u_3, u_3, k, h)$
u_3		$pe(u_2, F)$

同样用 b 替代 u,1 替代 0,并加上下面一行:

c	$R, P\Xi, R, Ph$	b

这样就得到了计算 β 的机器 $\mathcal{N}'$ 的格局表。初始的 m-格局是 c,初始扫描符是第二个 ə。

十一 在判定性问题中的应用

§8 中得出的结论有一些重要的应用,特别是可以用来证明希尔伯特的判定性问题无解。现在,我就来证明这个定理。至于这个问题的构造,我强烈建议读者阅读希尔伯特和阿克曼所著的《数理逻辑原理》的第三章。

我认为，不存在一个通用过程来判断一个给定的函数演算 K 的公式 $\mathfrak{A}$ 是可证的，也就是说，不存在这样的机器：给这台机器提供任意一个这种公式 $\mathfrak{A}$ 后，该机器能判断 $\mathfrak{A}$ 是否可证明。

这里需要注意的是，我将要证明的结论与著名的哥德尔的结论①非常不同。哥德尔已经证明（在数学原理的形式主义中）存在命题 $\mathfrak{A}$，$\mathfrak{A}$ 和 $-\mathfrak{A}$ 都无法证明。这个证明的结果是，在该形式范围内不能给出数学原理（或者 K）的一致性的证明。另一方面，我将证明不存在判断——一个给定的公式在 K 中是否可证明，或者说，由 K 和一条额外公理 $-\mathfrak{A}$ 组成的系统是否一致——的通用方法。

如果能证明哥德尔证明的命题的否定，即如果对于每个 $\mathfrak{A}$，$\mathfrak{A}$ 或 $-\mathfrak{A}$ 必有一者可以被证明，那么应该能够立即得到判定性问题的解。因为可以发明一台机器 K，它可以相继证明所有可证明的公式，这台机器早晚会证明 $\mathfrak{A}$ 或 $-\mathfrak{A}$。如果机器达到 $\mathfrak{A}$，那么就知道 $\mathfrak{A}$ 可证明。若达到 $-\mathfrak{A}$，则因为 K 是一致的（希尔伯特和阿克曼，第 65 页），所以 $\mathfrak{A}$ 不是可证明的。

因为 K 中不存在整数，所以证明会显得冗长，但根本的思想还是直截了当的。

对每个计算机 $\mathcal{M}$ 都构造一个公式 Un（$\mathcal{M}$），并且表明，如果存在一个判断 Un（$\mathcal{M}$）是否可证明的通用方法，那么存在一个通用的方法来判断 $\mathcal{M}$ 是否打印过 0。

涉及的命题函数的解释如下：

$R_{S_1}(x, y)$ 可以解释为"在（$\mathcal{M}$ 的）完全格局 x 中，y 格上的符号是 S"。

$I(x, y)$ 可以解释为"在完全格局 x 中，y 格被扫描"。

$K_{q_m}(x)$ 可以解释为"完全格局 x 中的 m-格局为 q_m"。

$F(x, y)$ 可以解释为"y 是紧邻 x 的后继"。

Inst $\{q_i S_j S_k L q_l\}$ 是以下表达式的缩写：

$$(x, y, x', y')\{(R_{S_j}(x, y)\&I(x, y)\&K_{q_i}(x)\&F(x, x')\&F(y', y))$$

---

① 前文已注。

$$\rightarrow (I(x',\ y')\&R_{S_k}(x',\ y)\&K_{q_l}(x')\&F(y',\ z)v[\ (R_{S_0}(x,\ z)\rightarrow R_{S_0}(x',\ z))$$

$$\&(R_{S_1}(x,\ z)\rightarrow R_{S_1}(x',\ z))\&\cdots\&(R_{S_M}(x,\ z)\rightarrow R_{S_M}(x',\ z))])\}\ ,$$

其中 S_0, S_1, $\cdots S_M$ 是 M 可打印的符号。

Inst $\{q_iS_jS_kRq_1\}$ 和 Inst $\{q_iS_jS_kNq_1\}$ 是其他以类似的方式构造的表达式的简写。

把 M 的描述变成 §6 中的第一个标准形式。这个描述包含了多个表达式，例如 "$q_iS_jS_kLq_1$"（或者用 R 或 N 代替 L）。构造所有对应的表达式，例如 Inst $\{q_iS_jS_kLq_1\}$，并计算它们的合取式，称之为 Des（M）。

公式 Un（M）是：

$$(\exists u)[N(u)\&(x)(N(x)\rightarrow(\exists x')F(x,\ x'))$$

$$\&(y,\ z)(F(y,\ z)\rightarrow N(y)\&N(z))\&(y)R_{S_0}(u,\ y)$$

$$\&I(u,\ u)\&K_{q_1}(u)\&Des(M)]$$

$$\rightarrow(\exists s)(\exists t)[N(s)\&N(t)\&R_{S_1}(s,\ t)]$$

$[N(u)\&\cdots\&Des(M)]$ 可以缩写为 $A(M)$。

采用第 259~260 页①表示的含义，会发现 Un（M）可以解释为"在 M 的某个完全格局中，S_1（也就是 0）出现在纸带上"。与之对应，我将证明：

（a）如果 S_1 出现在 M 的某个完全格局内的纸带上，那么 Un（M）是可证明的。

（b）如果 Un（M）是可证明的，那么 S_1 出现在 M 的某个完全格局内的纸带上。

完成这些证明之后，定理的其余部分就很简单了。

引理 1　如果 S_1 出现在 M 的某个完全格局内的纸带上，那么 Un（M）是可证明的。

必须说明如何证明 Un（M）。假设在第 n 个完全格局中，纸带上的符号序列为 $S_{r(n,\ 0)}$, $S_{r(n,\ 1)}$, $\cdots$, $S_{r(n,\ n)}$，其后只有空格，并且扫描符是第

---

① 即本文第 30~32 页。——译者注

$i(n)$ 个，m-格局为 $q_{k(n)}$。那么可以构造这样的命题：

$$R_{S_{r(n,0)}}(u^{(n)}, u)\&R_{S_{r(n,1)}}(u^{(n)}, u')\&\cdots\&R_{S_{r(n,n)}}(u^{(n)}, u^{(n)})$$
$$\&I(u^{(n)}, u^{(i(n))})\&K_{q_{k(n)}}(u^{(n)})$$

$$\&(y)F((y, u')vF(u, y)vF(u', y)v\cdots vF(u^{(n-1)}, y)vR_{S_0}(u^{(n)}, y)),$$

将其缩写为 CC_n。

与之前一样，$F(u, u')\&F(u', u'')\&\cdots\&F(u^{(r-1)}, u^{(r)})$ 缩写为 $F^{(r)}$。

我会证明所有形如 $A(M)\&F^{(n)} \to CC_n$（缩写成 CF_n）的公式都是可证明的。CF_n 的意思是"M 的第 n 个完全格局是如此这般的"，其中"如此这般"指的是 M 实际上的第 n 个完全格局。因此可以认为 CF_n 也是可证明的。

CF_0 当然是可证明的，因为在完全格局中，所有符号都是空的，m-格局为 q_1，扫描格为 u，即 CC_0 是

$$(y)R_{S_0}(u, y)\&I(u, u)\&K_{q_1}(u)$$

于是 $A(M) \to CC_0$ 是不足道的。

下面证明对于任何 n，$CF_n \to CF_{n+1}$ 是可证明的。在机器从第 n 个格局转换至第 n+1 个格局时有三种情形值得考虑：机器是向左移动、向右移动还是保持静止。假设出现第一种情形，即机器向左移动。对其他情形，类似的证明也成立。如果

$$r(n, i(n)) = b, r(n+1, i(n)) = d, k(n) = a, k(n+1) = c$$

那么 Des (M) 一定包含 Inst $\{q_aS_bS_dLq_c\}$ 作为其中一项，即

$$\text{Des } (M) \to \text{Inst } \{q_aS_bS_dLq_c\}$$

因此

$$A(M)\&F^{(n+1)} \to \text{Inst } \{q_aS_bS_dLq_c\}\&F^{(n+1)}$$

令 $G(x, y)$ 表示 x 在 y 之前，Q 是

$$(x)(\exists w)(y, z)\{F(x, w)\&(F(x, y) \to G(x, y))\&(F(x, z)\&$$
$$G(z, y) \to G(x, y))\&[G(z, x)v(G(x, y)\&F(y, z))$$
$$v(F(x, y)\&F(z, y)) \to (-F(x, z))]\}$$

的缩写。Un (M) 是

$$(\exists u)A(\mathcal{M}) \rightarrow (\exists s)(\exists t)R_{S_1}(s,\ t)\ ,$$

其中 $A(\mathcal{M})$ 是

$$Q\&(y)R_{S_0}(u,\ y)\&I(u,\ u)\&K_{q_1}(u)\&Des(\mathcal{M})$$

的缩写。因为

$$Inst\{q_aS_bS_dLq_c\}\&Q\&F^{(n+1)} \rightarrow (CC_n \rightarrow CC_{n+1})$$

是可证明的,所以

$$A(\mathcal{M})\&F^{(n+1)} \rightarrow (CC_n \rightarrow CC_{n+1})$$

并且

$$(A(\mathcal{M})\&F^{(n)} \rightarrow CC_n) \rightarrow (A(\mathcal{M})\&F^{(n+1)} \rightarrow CC_{n+1})\ ,$$

即

$$CF_n \rightarrow CF_{n+1}$$

CF_n 对每个 n 都是可证明的。现在根据引理的假设,S_1 在 $\mathcal{M}$ 打印的符号序列的某个完全格局中的某处出现;也就是说,对整数 N、K,$R_{S_1}(u^{(N)},\ u^{(K)})$ 是 CC_N 中的一项,因此 $CC_N \rightarrow R_{S_1}(u^{(N)},\ u^{(K)})$ 是可证明的。那么可以得到

$$CC_N \rightarrow R_{S_1}(u^{(N)},\ u^{(K)})$$

以及

$$A(\mathcal{M})\&F^{(N)} \rightarrow CC^N$$

同时

$$(\exists u)A(\mathcal{M}) \rightarrow (\exists u)(\exists u')\cdots(\exists u^{(N')})(A(\mathcal{M})\&F^{(N)})\ ,$$

其中 $N' = \max(N,\ K)$。因此

$$(\exists u)A(\mathcal{M}) \rightarrow (\exists u)(\exists u')\cdots(\exists u^{(N')})R_{S_1}(u^{(N)},\ u^{(K)})\ ,$$

$$(\exists u)A(\mathcal{M}) \rightarrow (\exists u^{(N)})(\exists u^{(K)})R_{S_1}(u^{(N)},\ u^{(K)})\ ,$$

$$(\exists u)A(\mathcal{M}) \rightarrow (\exists s)(\exists t)R_{S_1}(s,\ t)\ ,$$

即 Un $(\mathcal{M})$ 是可证明的。

引理 1 证毕。

引理 2 如果 Un $(\mathcal{M})$ 是可证明的,那么 S_1 出现在 $\mathcal{M}$ 的某个完全格局的纸带上。

用任意命题函项代换可证明的公式中的函数变量，可以得到一个真命题。特别地，把 Un（$\mathcal{M}$）定义为"S_1 出现在 $\mathcal{M}$ 的某个完全格局中的纸带上的某处"，而不采用第 259~260 页①中 Un（$\mathcal{M}$）的含义，就能得到一个真命题。

现在可以证明判定性问题不可解。先假设其否定命题成立，那么存在一个通用（机械）过程可以判定 Un（$\mathcal{M}$）是否可证明。根据引理 1 和引理 2，这表明存在一个过程可以确定机器 $\mathcal{M}$ 是否打印过 0，但在 §8 中我已经证明这是不可能的。因此判定性问题不可解。

带受限量词系统的公式的判定性问题的解有大量特殊情形，鉴于此，把 Un（$\mathcal{M}$）表示成所有的量词都出现在最前端的形式是有趣的。事实上，Un（$\mathcal{M}$）可以表示成

$$(u)(\exists x)(w)(\exists u_1)\cdots(\exists u_n)\ \mathfrak{B} \tag{I}$$

其中 $\mathfrak{B}$ 不含量词，并且 n=6。通过一些无关紧要的改变，可以得到一个包含所有 Un（$\mathcal{M}$）的必要性质的公式，其形式与（I）相同，但 $n=5$。

1936 年 8 月 28 日新增

附录　可计算性和有效可计算性

所有的有效可计算（λ 可定义）序列都是可计算的。这个定理及其逆定理的简略证明将在下面给出。假设人们已经理解了邱奇和克莱尼所使用的"合式公式"（W.F.F.）和"转换"这些术语。在第二个证明中，我们省去证明，假定了一些公式。这些公式可以参考克莱尼的论文《形式逻辑的正整数理论》（发表于《美国数学杂志》，Vol. 57，1935，pp. 153－173，219-244）直接构造。

表示一个整数 n 的合式公式将记为 N_n。可以说第 n 个数字为 $\phi_y(n)$ 的

---

① 即本文第 30~32 页。——译者注

序列 γ 是 λ 可定义的，或者是有效可计算的，只要 $1 + \phi_\gamma(u)$ 是 n 的 λ 可定义函数，也就是说，如果存在合式公式 M_γ，使得对于所有的整数 n，

$$\{M_\gamma\}(N_n)\, conv\, N_{\phi_\gamma(n)+1}\ ,$$

即根据 λ 的第 n 位数是 1 还是 0，$\{M_\gamma\}\ (N_n)$ 可以转换为 $\lambda xy.\, x(x(y))$ 或者 $\lambda xy.\, x(y)$。

　　为了证明每个 λ 可定义序列 γ 都是可计算的，必须指出如何构造可以计算 λ 的机器。使用机器，可以方便地在演算转换中进行简单的修改。修改包括使用 x，x'，x''，… 作为变量，而不是 a，b，c… 。现在构造一台机器 $\mathcal{L}$，把公式 M_γ 提供给 $\mathcal{L}$ 后，$\mathcal{L}$ 可以写下序列 γ。$\mathcal{L}$ 的构造过程与 $\mathcal{K}$ 在某种程度上很相似，$\mathcal{K}$ 证明了函数演算中所有可证明的公式。首先构造选择机 $\mathcal{L}_1$，如果给 $\mathcal{L}_1$ 提供一个合式公式，例如 M，并适当调整 $\mathcal{L}_1$，那么 $\mathcal{L}_1$ 将获得任何 M 可转换成的公式。接着可以调整 $\mathcal{L}_1$，使其衍生出自动机 $\mathcal{L}_2$，$\mathcal{L}_2$ 相继得到所有 $\mathcal{M}$ 可转换成的公式（参见第 252 页①脚注）。$\mathcal{L}_2$ 是机器 L 的一部分。提供了公式 M_γ 后，$\mathcal{L}$ 的操作可以划分为多个部分，其中第 n 部分用来寻找 γ 的第 n 位数。这个第 n 部分的第一阶段是 $\{M_\gamma\}(N_n)$ 的形成。这个公式接下来将被提供给 $\mathcal{L}_2$，并由 $\mathcal{L}_2$ 相继转换为其他公式。每一个可转换成的公式最终都会出现，并与下列公式进行比较：

$$\lambda x[\lambda x'[\{x\}(\{x\}(x'))]]\ ,\ \text{即}\ N_2，$$
$$\lambda x[\lambda x'[\{x\}(x')]]\ ,\ \text{即}\ N_1。$$

　　如果出现的公式与第一个公式相同，那么机器打印 1，第 n 部分结束。如果与第二个相同，那么打印 0，第 n 部分结束。如果出现的公式与两个公式都不一样，那么 $\mathcal{L}_2$ 就继续工作。根据假设，$\{M_\gamma\}(N_n)$ 是可以转换为公式 N_2 或者 N_1 的，因此第 n 部分最终是会结束的，也就是说，γ 的第 n 位最终会被写下来。

　　为了证明每个可计算序列 γ 都是 λ 可定义的，必须指出如何找到一个公式 M_γ，对于所有的整数 n，

---

① 即本文第 22 页。——译者注

$$\{M_{\gamma}\}\,(N_n)\,conv N_{1+\phi_{\gamma}(n)}$$

假设 M 是一台计算 γ 的机器，我们用数字描述 M 的完全格局，例如使用 §6 中描述的完全格局的描述数。令 $\xi(n)$ 为 M 的第 n 个完全格局的描述数。从 M 的表中，可以得到 $\xi(n+1)$ 与 $\xi(n)$ 之间的如下关系：

$$\xi(n+1)=\rho_{\gamma}(\xi(n)),$$

其中 ρ_{γ} 是一个形式严格受限且较复杂的函数：这个形式由 M 的表决定。ρ_{γ} 是 λ 可定义的（我省略了该证明），即存在一个合式公式 A_{γ}，对于所有的整数 n：

$$\{A_{\gamma}\}\,(N_{\xi(n)})\,conv N_{\xi(n+1)}$$

令 U 表示

$$\lambda u[\{\{u\}\,(A_{\gamma})\}\,(N_r)],$$

其中 $r=\xi(0)$；那么，对于所有的整数 n，

$$\{U_{\gamma}\}\,(N_n)\,conv N_{\xi(n)}$$

可以证明，存在公式 V，使得

$\{\{V\}\,(N_{\xi(n+1)})\}\,(N_{\xi(n)})$	$conv N_1$	如果在从第 n 个到第 n+1 个完全格局的过程中打印了 0
	$conv N_2$	打印了 1
	$conv N_3$	其他情况

令 W_{γ} 表示

$$\lambda u[\{\{V\}\,(\{A_{\gamma}\}\,(\{U_{\gamma}\}\,(u)))\}\,(\{U_{\gamma}\}\,(u))],$$

因此，对于每个整数 n，

$$\{\{V\}\,(N_{\xi(n+1)})\}\,(N_{\xi(n)})\,conv\{W_{\gamma}\}\,(N_n),$$

令 Q 是一个公式，使得

$$\{\{Q\}\,(W_{\gamma})\}\,(N_s)\,conv N_{r(z)},$$

其中 $r(s)$ 是第 s 个整数 q，$\{W_{\gamma}\}\,(N_q)$ 转换为 N_1 或 N_2。于是如果 M_{γ} 表示

$$\lambda w[\{W_{\gamma}\}\,(\{\{Q\}\,(W_{\gamma})\}\,(w))],$$

那么它将有所需要的性质。①

研究生院，

普林斯顿大学，

美国新泽西州。

参考文献

G. Kurt, "Über formal unentscheidbare Sätze der Principia Mathematica und verwandter Systeme, I", *Monatshefte für Mathematik und Physik*, Vol. 38, 1931, S. 173−198.

C. Alonzo, "An Unsolvable Problem of Elementary Number Theory", *American Journal of Mathematics*, Vol. 58, 1936, pp. 345−363.

C. Alonzo, "A Note on the Entscheidungsproblem", *Journal of Symbolic Logic*, Vol. 1, 1936, pp. 40−41.

W. H. Ernest, *Theory of Functions of a Real Variable*, Cambridge: Cambridge University Press, 1921.

H. David, & B. Paul, *Grundlagen der Mathematik*, Berlin: Springer, 1934.

H. David, & A. Wilhelm, *Grundzüge der Theoretischen Logik*, Berlin: Springer, 1931.

C. K. Stephen, "A Theory of Positive Integers in Formal Logic", *American Journal of Mathematics*, Vol. 57, 1935, pp. 153−173, 219−244.

---

① 在可计算序列的 λ 可定义性的完整证明中，最好这样修改这个方法：用更容易被装置处理的描述替换完全格局的数字描述。选择特定的整数来代表机器的符号和 m-格局。假设在某个完全格局中代表纸带上相继的符号的数字是 $s_1 s_2 \cdots s_n$，第 m 个符号被扫描了，m-格局有数字 t；那么可以用如下公式表达完全格局：

$$[[N_{s_1}, N_{s_2}, \cdots, N_{s_{m1}}, [N_t, N_{s_m}], [N_{s_{m+1}}, \cdots, N_{s_n}]]$$ 其中 $[a, b]$ 代表 $\lambda u[\{|u|(a)|(b)]$，$[a, b, c]$ 代表 $[\{\{|u|(a)\}(b)|(c)]$，等等。

中国逻辑学话语体系建设的动因及走向

宁莉娜[*]

摘　要： 中国逻辑学话语体系建设始于回应近代文化救国的时代诉求，经历了自发向自觉的发展过程。在西学东渐的影响下，思想家们将西方逻辑引入的同时，也将目光聚焦到中国古代逻辑文本的挖掘整理与深入探究上，使以墨家逻辑为代表的中国古代逻辑思想体系得以复苏，并推动了因明逻辑对中国逻辑思想体系的影响研究。同时，汉译逻辑术语的本土化，激发了国人对中外逻辑思想的比较研究，开启了对不同文化背景下的逻辑话语体系的创造性转化。以金岳霖为代表的现代逻辑学家，开辟了中国语境下逻辑学话语体系建设新的发展路向。当代中国逻辑学话语体系建设，就是要形成具有中国文化标识并体现人类理性共同价值的逻辑学说体系，充分体现中国语境下逻辑学研究的世界意义。

关键词： 中国逻辑学话语体系　发展动因　发展路径　世界走向

"中国逻辑学话语体系"是指在中国语境中形成的具有中国文化标识的

　＊　宁莉娜，博士，上海大学哲学系教授，博士生导师，主要研究方向：逻辑学。

话语言说体系，既具有本土文化及汉译逻辑术语本土化的特征，也反映人类理性共有的逻辑普遍性。中国逻辑学话语体系的演进历程，表现出应用性与科学性相一致、系统性与开放性相契合的态势，因此，中国语境下的逻辑学话语体系建设，既要对本土逻辑话语体系进行创新性发展，又要对外来逻辑话语体系进行创造性转化，构造能够被国际学术共同体理解和接受的概念和范畴体系，呈现中国逻辑学话语体系建设的主动意识与兼容并蓄的世界意义。

一　中国逻辑学话语体系建设的内在动因

在 19 世纪末 20 世纪初，为了拯救民族、寻求自强保种良方，由严复开启的教育救国运动，揭开了中国逻辑学话语体系建设的序幕，标志着国人逻辑学自觉意识的生成。中国近代逻辑话语体系是以中国古代逻辑思想体系为基础，吸纳古代印度因明逻辑和西方逻辑学说理论并将其本土化而成，体现着中外逻辑思想在文化互动中融合与发展。随着西方逻辑学说的传入，严复以 "名学" 对译西方的 Logic 一词，他在《穆勒名学》按语中曾解释道："逻各斯一名兼二义，在心之意、出口之词皆以此名。"[①] 在他看来，"名" 作为中国古代汉语中意义广泛的词语，其含义与 Logic 相近，这成为将逻辑学译为 "名学" 的依据。不仅如此，为使国人接受西方逻辑，严复还独创了一系列具有中国文化标识的逻辑术语的译名，其简洁、典雅。诸如，他将穆勒 *A System of Logic，Ratiocinative and Inductive* 一书中的归纳译为 "内籀"，将演绎译为 "外籀"，将三段论译为 "演联殊"，将推理译为 "推证" 等，其用意在于使国人了解逻辑学的学术用语及其内蕴的科学精神，增强中外逻辑话语之间的可对话性，为中国近代教育救国寻求科学方法，回应 "癒贫先瘳愚"[②] 的时代诉求，这也为当下中国逻辑学话语体系建设提供了重要

---

① 〔英〕约翰·穆勒：《穆勒名学》，严复译，商务印书馆，1981，第 2 页。
② 王栻主编《严复集》（第 3 册），中华书局，1986，第 560 页。

借鉴。

在严复翻译的《穆勒名学》和《名学浅说》两部西方逻辑著作的激发下，以墨家逻辑为代表的中国古代逻辑思想体系在沉寂了两千多年后被唤醒，并在与西方逻辑进行比较的研究中受到重视，中国逻辑学说体系的丰富性和独特性随之呈现出来，其世界源头地位也得以确认。中国近代逻辑话语体系，吸纳了中国古代逻辑、印度因明逻辑和西方逻辑的思想资源，集逻辑学说的世界意义与本土特征于一体。

无论是李之藻对亚里士多德逻辑的翻译，还是中国近代社会转型期墨家逻辑的复兴、严复译介西方逻辑著作、金岳霖将现代逻辑分析方法引入中国哲学体系的重构，都表明逻辑作为科学方法对于推动文化转型所具有的重要作用是不容忽视的。中国近代逻辑话语体系的形成，并非从一开始就有明确的目的性，而是经历了由被动遭遇冲击向主动自觉建构的过程，即在据西释中到据中释西、再到中西互释的演进中完成，体现出思想家们在近代文化革新过程中，在外来文化碰撞中开始关注国人思维方式这一文化深层要素，并将中外逻辑学说作为推进文化转型的科学方法。严复开辟了逻辑学话语体系重建的先河，成为中国逻辑学话语体系建设先行者。

概言之，当代中国逻辑学话语体系建设是当代中国逻辑学研究乃至文化强国建设不可或缺的重要组成内容，其内在动因主要受到以下几个因素影响。

其一，探究中国近代思想启蒙、文化革新、哲学重构乃至社会转型的深层动因，需要将中国逻辑学话语体系作为重要的思想资源。只有重视中国逻辑学话语体系的特殊性研究，才能更好地把握世界逻辑体系构成的丰富性及内蕴的普遍性特征。

其二，回应当代中国社会发展与建设文化强国的迫切要求，需要中国逻辑学话语体系建设既体现对优秀文化传统的继承与发展，又体现对外来理性文化的借鉴与创新。只有使中国逻辑学话语体系以交往的方式具有可对话性，才能充分发挥逻辑的社会文化功能。

其三，推动中国逻辑学走进国际学术研究视野，需要充分展现中国逻辑学话语体系的整体样貌。中国逻辑学话语体系建设应该以古今中国逻辑学说的经典文献及汉译经典逻辑著作为蓝本，在中国逻辑学知识体系的基础上建构思想表达体系。只有重视话语体系建设，才能使中国逻辑学思想体系具有更大的国际影响力。

显然，充分发挥中国逻辑学话语体系建设在世界文化互动中的重要作用，让世界了解中国的逻辑学话语体系，也让中国逻辑学话语体系走向世界，这是中国逻辑学话语体系建设所承担的双重使命。我们要利用本土逻辑话语体系资源和汉译逻辑术语本土化的资源，加快科学的理论建构和传播中国逻辑的知识体系与话语体系，通过知识体系建设来凸显中国逻辑话语体系的世界意义和本土特征，使其在人类文明进程中发挥更大作用。

二　中国逻辑学话语体系建设的发展路径

对中国古代逻辑学话语体系文本的研究，始于 19 世纪末 20 世纪初孙诒让和梁启超的工作，虽然当时现代逻辑已经诞生，但对墨家逻辑等中国古代逻辑思想的研究仍然比照亚里士多德的逻辑思想，即采取据西释中的研究方法，使中国古代逻辑体系原貌得以显露。研究工具和方法的不断创新，逐步加深了我们对"中国古代逻辑"中的"逻辑"的理解。在中国逻辑思想的发展历程中，唐代之前印度古因明已经传译至汉地，唐玄奘西行求法带回36 部因明著作，其汉译填补了古因明译著的空白，并汉传了新因明，其还由此传至朝鲜和日本。汉传因明是由印度逻辑传入中国并经过了本土化的结果，在与中国古代逻辑互动的过程中，成为中国逻辑学话语体系的组成部分。

明末清初，西方逻辑学开始在中国译介和传播，李之藻等人将《亚里士多德辩学概论》译为《名理探》，以及严复等思想家引进一系列西方逻辑著作等，这开启了汉译逻辑话语体系本土化的过程，并推进了以墨家逻辑为代表的中国古代逻辑学说的全面复苏，也促进了因明学的再研究，使世界三大逻辑体系在中国语境下汇合，为当代中国逻辑学话语体系建设提供了借鉴。

中国逻辑学话语体系的生成与发展，一方面源自中国古代就已经形成的以《墨经》为代表的既反映本土文化特征又体现人类理智活动共性的逻辑学话语体系，这是中国逻辑学话语体系建设的根基；另一方面，又离不开外来文化中逻辑术语本土化的影响。这里涉及两个概念，一是"汉译逻辑术语"，即以汉语为载体，或以音译、或以意译、或以音译与意译合璧的方式由外来逻辑术语转化而成的逻辑术语。在中国逻辑史上，主要开展了对印度语、英语和日语的逻辑术语的汉译活动。二是"本土化"，即在汉译逻辑术语的过程中，以意译的方法将外来逻辑术语与本土文化的用语进行对接，可以用本土文化的常用语，也可以用基于本土文化而创造出来的新用语来表示外来逻辑术语。汉译逻辑术语本土化的过程，既体现了译者语言转换和语言驾驭能力，也反映了译者对逻辑术语的理解能力与传播能力。从古至今，中国逻辑史上经历了多个汉译逻辑术语本土化过程，所形成的一系列本土化的汉译逻辑术语，成为学界了解和掌握中国逻辑思想体系、进行中外逻辑学说比较研究的重要基础。

"汉译逻辑术语本土化"，使中外逻辑话语体系之间具有了可比较性与可对话性，同时也揭示了不同文化所体现的逻辑话语体系的多元个性及普遍共性。从分析近代中、西、日三种文化互动的过程，不难看出中国逻辑学话语体系中的逻辑术语所具有的表意性，从而为逻辑话语体系建设提供人文与科学相结合、普遍与特殊相统一、本土与世界相贯通的语言坐标。汉译逻辑术语，既包括音译词，又包含意译词和音译合璧译词。通常来说，对文本进行翻译都离不开借词，即以借词来表达不同语言所指称的同一思想内容。"借词"包括意译词、音译词和音译合璧译词。而且，从汉语借词实际看，虽然也有音译词，但更多的是意译词、音译意译合璧词，这是由汉字的表意性所决定的。使用意译词有助于发挥汉语言的表意作用，使其特有的文化内涵得以显现。在表音的同时，提供某种意义的暗示，如"逻辑"的音译，"落热加"即拉丁文 Logica 的音译，其意译为"明辨之道"。而以"落日加"为 Logica 的译名，则意译为"明辩之道"。① 汉译逻辑术语众多，其如何实现本土化，如何影响中国逻辑学话语体系建设，都是需要深入研究的。严复在对西方逻辑术语进行汉译过程中创设了诸多新概念，这并非完全出于语词翻译和使用的需要。严复是第一位音译逻辑一词的人，但在其译著中却没有使用这个词，他字斟句酌地翻译用语，这一方面对于国人掌握西学术语具有引导作用，另一方面也形成了与本土文化相契合的话语体系，打开了中外文化互动的通路。

从不同文化背景下的逻辑学话语体系的呈现方式看，它们都是以语言作为重要载体的，不同民族的语言所构建的话语体系，反映了不同文化背景下的语言独特性，也一定要在不同文化的交流中具有可对话性、可解释性。王国维等则将 Logic 译为"辨学"，由日语转译而来的"论理学"，作为汉字文化圈的一员，近代日译在汉字术语生成过程中起到了重要作用，推动形成了"中—西—日"三边互动的局面。② 显然，汉译逻辑术语本土化，是中国逻辑学话语体系形成的必经之路，这种本土文化与外来文化的创新性结合与外来文化的创造性转化，反映出中国逻辑学话语体系建设所具有的继承性、批判性与开放性的自觉意识。

金岳霖曾指出"逻辑"与"逻辑学"是有区别的，即"逻辑是逻辑学的研究对象，逻辑学是研究此对象而有所得的内容"，③ 金岳霖十分看重"逻辑"与"逻辑学"的区别，因为这决定了不能将研究对象与研究的学问混为一谈。金岳霖还进一步指出，"文化不限制到学问，学问总是文化的一部分。语言不限制到学问，学问总离不开语言"。④ 这启示我们，逻辑作为对象可以只有一个，但研究逻辑的学问是文化的组成部分，并且总是离不开语言的，语言的表达方式是多样化的，因此，逻辑作为研究的对象只有一

---

① 冯天瑜等：《近代汉字术语的生成演变与中西日文化互动研究》，经济科学出版社，2016，第 187 页。
② 冯天瑜等：《近代汉字术语的生成演变与中西日文化互动研究》，经济科学出版社，2016，第 176 页。
③ 《金岳霖全集》（第一卷），人民出版社，2013，第 509 页。
④ 《金岳霖全集》（第一卷），人民出版社，2013，第 510 页。

个，但研究逻辑的学问可以有不同的话语体系。金岳霖对现代逻辑方法的传播与运用，沟通了本土逻辑与西方逻辑的研究范式，在传统逻辑与现代逻辑之间打开了全新的发展进路。正如郭湛波所指出的那样："中国近五十年思想方法虽有大的贡献，但不是古代方法之整理，就是西洋方法之介绍；能融会各种方法系统，别立一新的方法系统，在中国恐怕只有金岳霖先生一人了。"① 显然，任何一种文化形态的更新、完善，都不可能在封闭中孤立地进行，中国的逻辑学发展也不例外，它既要重视吸收和容纳不同文化背景下产生的逻辑思想成果，又要在创造性发展中不断展现本土学术的思想魅力，并融入世界文明的发展轨迹中，如此才能具有更加广泛的世界意义。从金岳霖逻辑思想的展开方式中不难看出，他为此做出了富有创新意义的探索，也为推进当代中国逻辑学话语体系建设提供了重要指向。

逻辑与文化之间具有相互依存、相互影响的关系，既可以表现为人类思维普遍性的一面，也存在于不同民族个性化的方面。关注中国逻辑史研究中的文化根基问题，有助于探究逻辑与文化的相互作用，使中国逻辑学话语体系建设充分体现本土文化的系统性和整体性的需求，并推动社会文化的发展。作为文化构成要素中不可或缺的内容，逻辑能够反映人类理智文明的特征，从这个意义上讲，逻辑话语体系建设具有世界性的普遍意义。虽然不同的社会和文化条件，使得不同的逻辑话语体系具有特殊性，但无论在何种社会条件和文化背景下，人们都需要运用基本概念去组成命题和推理，在论证中遵循基本规律和共同的逻辑规则，进而凸显逻辑所反映的文化的互补性。

可以说，自严复译介西方逻辑著作使逻辑术语本土化以来，中国近代逻辑话语体系的建构就成为思想家们关注的重点。王国维为了体现中国逻辑特有的名辩意谓，他将耶方斯的《逻辑基础教程》译为《辩学》；梁启超开启了墨家逻辑与印度因明逻辑、西方逻辑的比较研究，在"据西释中"的研究中凸显墨家逻辑学说的系统性和世界性；孙诒让的《墨子间诂》以训诂的方法对墨家逻辑进行了注释和解析，使墨家逻辑体系得以清晰展现；胡适

---

① 郭湛波：《近五十年中国思想史》，山东人民出版社，1997，第201页。

不仅论证了中国古代有逻辑学说，还从学术史角度考察了中国逻辑思想的发展脉络，并分析了中国逻辑的推理类型等；谭戒甫在对先秦名辩学进行深入研究的基础上，将墨家逻辑与因明逻辑进行了比较，指出墨家逻辑具有独立性；汪奠基对先秦到五四运动前夕的中国逻辑思想史展开研究，揭示了中国古代逻辑是世界上三大逻辑体系源头之一；沈有鼎以现代逻辑为视角，阐释墨家逻辑体系的当代意义；章士钊对逻辑的名和理进行了分析，批驳了中国无逻辑的观点；金岳霖将现代逻辑方法运用于中国哲学体系的反思与重建中，并将严复译的《穆勒名学》与原著进行了比较分析。显然，近代开启的汉译逻辑术语本土化及中外逻辑思想的比较研究，使中国逻辑的世界性得以凸显，为中国逻辑学话语体系建设形成中外逻辑融通奠定了坚实基础。

三 中国逻辑学话语体系建设的主体性与世界性同构

中国逻辑学话语体系是世界逻辑话语体系不可分割的重要组成部分，中国逻辑学话语体系建设，既要反映世界不同文化背景下作用于人类思维活动的通用逻辑规律、规则和规范要求，使人类理性文明有效交流与对话成为可能，这是中国逻辑世界化的必然要求；同时，还要不断深入挖掘中国逻辑不同发展阶段所表现出来的对本土逻辑传统的创新性发展和对外来逻辑思想的创造性转化，包括汉译逻辑术语本土化，反映出世界逻辑中国化的特征。中国逻辑学话语体系建设，经历了从自发向自觉的发展过程，以墨家逻辑为代表的中国古代逻辑体系，被埋没了两千多年，"250 多年前才进入中国逻辑史，出现在历史舞台上"。[①] 可见，中国逻辑学话语体系建设无论是对史料的深入挖掘，还是推进人类理智文明，都是十分必要的。

以中国逻辑学话语体系建设为研究对象，揭示中国文化孕育的逻辑思想的底色和亮色，既反映其鲜明个性化的话语体系，又承载人类普遍遵循的逻

---

① 〔德〕顾有信：《中国逻辑的发现》，陈志伟译，江苏人民出版社，2020，第 416 页。

辑公共理性，以此推进中国逻辑学话语体系的建设，掌握国际化逻辑交流的话语主动权。具体包括以下五个方面。

第一，系统研究中国古代逻辑思想的经典文本。搜集早期文献资料，使未曾受到重视的相关资料进入研究视野，使中国逻辑学话语体系建设的传统文化资源更加丰富，为中国逻辑学的合法性提供更加充分的依据。时至今日，虽然关于中国古代有无逻辑的争论，早就有达成共识的趋向，相关的研究成果不断涌现，但中国逻辑思想体系在世界范围内的影响力还是有限的，甚至还处于一些逻辑史学家的盲区，这就要求我们加大力度、加快速度将中国逻辑学话语体系的样貌复原，即从文本出发，并凸显中国逻辑学话语体系在不同发展阶段上的本土言说方式和功用特征，向世界更大范围进行传播，使更多人了解和认同中国逻辑学说对丰富世界逻辑思想体系所特有的存在价值。中国逻辑学话语体系建设，不能仅仅停留在汉语言表达的层面上，应该进一步将语言形式所内蕴的逻辑范畴、命题、推理及论证的方式方法充分揭示出来，并分析其对本土文化的影响，以及对人类理智活动多样性的影响。

第二，扩大汉译术语本土化的典籍文本研究范围。进一步搜集汉译逻辑文本，包括搜集印度逻辑、西方逻辑及日本汉译转换文献等译本，详尽分析汉译逻辑术语的本土化特征，全面体现不同逻辑传统具有互动、互补和对话的机制。从明末开始，西方逻辑传入中国，李之藻、严复等对英文逻辑著作进行翻译，并使逻辑术语本土化，将西方逻辑引入国人视野，对中国话语体系建设产生了重要影响。不仅如此，当时的日语词汇对现代汉语词汇的形成影响也很大，许多欧美语言的词都是通过日语转译为现代汉语的。日本名词借用古汉语词注入新义，成为汉译逻辑术语的重要来源。西方逻辑学传入始于明清之际，其传播的途径主要有三种：一是传教士和教徒进行翻译工作；二是国人译介欧美著作，其中徐光启的《几何原本》，李之藻的《名理探》，严复的《穆勒名学》《名学浅说》与王国维的《辨学》贡献最为突出；三是国人译介日文著作及编写逻辑著作。西方逻辑学的传入对中国近代逻辑话语体系建设产生了重要影响，由此展开的对中国古代逻辑文献的发掘和汉译逻辑术语带来的多种语言文本来源，对于诠释、分析和建构中国逻辑学话语体系是不可或缺的。

第三，深入中外逻辑学说文本开展比较研究。在中外逻辑学说文本之间进行比较，揭示不同文化背景下逻辑学说的一致性与差异性，同时，在汉译逻辑术语与原著中的逻辑术语之间进行详尽比较，探求汉译逻辑术语本土化的兴衰原因。在已有的逻辑比较研究中，往往先从中国古代逻辑思想体系出发，参照西方逻辑和因明逻辑来找出可以对应的具体逻辑形式，并以此来判定中国有无逻辑、中国有无其他文化背景下那样的逻辑体系。20世纪初，中外逻辑比较研究具有代表性的梁启超、章士钊等人，就力图在墨家逻辑中找到与西方逻辑学说相一致的构成要素，他们的比较研究以求同为目的，却忽视了对中国逻辑学说的言说方式的独特性的挖掘，这有待我们在比较研究中加以改进。

第四，拓展逻辑与文化关系的研究路径。全面阐释逻辑与人类文化之间的互动关系，重点研究中国逻辑思想产生的文化根基，以及中国逻辑学话语体系建设在中国文化与世界文化发展中的重要作用。一个民族的文化处境关乎其每个人的处境，也体现其社会的处境，只有激发文化的活力才能激发时代的活力，这是严复引入西方逻辑方法、挺立民族精神、主张文化救国的思想的体现。严复在民族危急存亡之际，译介西方逻辑学著作并使逻辑术语本土化，虽然有些急功近利，但他所表现出来的对改变思维方式必要性的洞见是值得肯定的，他将西方逻辑术语本土化是对中国近代逻辑话语体系建构的初步尝试，也必然对当代中国逻辑话语体系建设产生重要影响。严复将穆勒、耶方斯的逻辑思想带入国人视野，让国人了解西方逻辑，并激活了对墨家逻辑和因明逻辑的研究，体现了他为救亡图存寻求文化方略的用心。同时，也为当代中国逻辑话语体系建设的文化关怀提供了借鉴。

第五，探究中国逻辑学话语体系建设的价值指向。从传统文化基因中把握中国逻辑思想及其话语体系的发展进路，并进行不同逻辑传统之间的对话式研究。汉译逻辑术语本土化，将世界逻辑体系引进并融入本土文化中，开阔了国人的眼界，并在一定意义上弥补了国人思维方式的不足，无疑是值得肯定的。但是，这种汉译活动毕竟是单向的，甚至是在外来文化冲击下的被动所为。还需要进行双向互动、主动走向世界逻辑共同体，将中国逻辑博大精深的学说体系展现并融入世界逻辑体系中，建设一种可对话、可互动、可共生的中国逻辑学话语体系，使中国逻辑学研究回归在世界逻辑体系中的话语地位，既是中国逻辑思想研究与发展的价值指向，也是世界逻辑思想体系多样性、丰富性与全人类性的必然要求，当代世界不同文化背景下的逻辑思想体系的发展，为中国逻辑学话语体系建设提供了机遇。无论是对中国古代逻辑思想的系统梳理与挖掘，还是反思汉译逻辑术语本土化的过程，乃至当代中国逻辑学话语体系建设，其价值指向都是为了更加系统地呈现中国逻辑学话语体系的科学性、应用性和可对话性，进而使其走进世界学术共同体，让世界了解和认同中国逻辑学话语体系在人类理性文明发展中不可或缺的地位。

综上所述，中国逻辑学话语体系建设的动因决定其走向，要从传统文化基因中把握中国逻辑思想体系及其话语体系建设的发展进路，同时，也要加强中外不同文化背景下的逻辑传统之间的对话式研究，在学术互动中体现中国逻辑学话语体系建设的世界价值与普遍意义，在国际学术交往中提升中国逻辑学研究的话语权。

数字社会背景下逻辑学的创新发展研究[*]

荣立武[**]

摘　要： 人工智能科技塑造了当前数字社会的新形态，而新的社会形态又反过来对基础学科和高等教育的发展提出了新的要求：一方面，重要的理论突破和技术创新亟需基础学科拔尖人才的培养，其中批判思维与创新能力的培养是重点；另一方面，由于社会问题日益综合化复杂化，跨学科的专业知识融合迫在眉睫。逻辑学始终关注人类思维与推理的规范性，它以其自身的基础性和工具性最有可能成为跨学科专业知识整合的突破口。此外，"逻辑思维"、"批判思维"和"创新思维"呈现出"和而不同"的辩证张力，创新和推进现代逻辑研究、改革传统的逻辑教育理念，有助于在错综复杂的数字社会中培养基础学科拔尖人才、创造新思想新理论并解决新问题。

关键词： 逻辑思维　批判思维　创新思维　逻辑工程学

---

　*　本文系教育部人文社会科学重点研究基地（中山大学逻辑与认知研究所）重大项目"社会文化视域下的概念与推理研究"（项目编号：22JJD720021）和山东省本科高校教学改革研究项目"逻辑工程学：跨学科视域下的逻辑教学与教材建设研究"的阶段性研究成果。
**　荣立武，博士，山东大学哲学与社会发展学院副教授，博士生导师，中山大学逻辑与认知研究所兼职研究员，主要研究方向：逻辑哲学、语言哲学、语言推理与语用学、实践推理与推理的规范性。

一 逻辑学创新发展的时代特征与内在驱动

逻辑学旨在对人类思维中的有效论证或有效推理进行研究。它不单纯关注有效的论证，更是对有效的论证规则展开系统研究，据此区别于其他各理论学科。由于逻辑学是研究思维与推理的工具性学科，因而具有相当程度的基础性和概括性。此外，逻辑学也关注其理论成果的可应用性。理论学科发展的每一个重要节点都闪现着逻辑学的身影，尤其是近来各个先锋科学交替推动着人类文明不断进步，逻辑学都在其中扮演了较为重要的角色，因而具有广泛的可应用性和跨学科特征。

（一）逻辑学发展的两个里程碑及其时代特征

三段论逻辑即古典逻辑是人类文明史上的第一个逻辑系统，它脱胎于同时代人类优秀的理论成果——几何学、天文学、物理学、生物学和自然哲学，从思维工具的角度概括了概念推理或范畴推理的有效规则。首先，古希腊的天文学和几何学提供了应用学科与理论学科相互促进的一个范式，并且从中孕育出了《几何原本》中的公理化方法，后者成为亚里士多德建构三段论逻辑的方法论基础。其次，当时的物理学、生物学和自然哲学为亚里士多德建立十范畴理论提供了最原初的理论材料，进而对这些初始范畴的工具论研究又促使亚里士多德提出了"定义""本质""特性""偶性"的四范畴学说，开启了关于任意两对概念所构成命题的逻辑对当关系的研究。涅尔夫妇在《逻辑学的发展》中指出："因为逻辑并不单纯是有效的论证，而是对于有效性的规则进行考察，所以只有当手中已经掌握了大量的进行推理或论证的材料，逻辑才能自然产生。并不是任何类型的论说都能引起逻辑的研究。例如，纯粹的讲故事或文学讲演并不能提供大量的论证材料。只有那些能找出证明或要求证明的论说和诘问的类型才自然地引起逻辑的研究；因为证明一个命题就是从真前提有效地推出这个命题。"①概括来说,逻辑学的起源与同时代理论学科的发展程度以及推理材料的丰富程度紧密相关,亚里士多德从工具论的角度对思维中的概念推理或范畴推理进行抽象和规范,模仿几何学中的公理化方法,最终构建了第一个逻辑学系统。由此观之,尽管逻辑学的研究对象是先验的,但逻辑学理论的发展却脱离不了社会历史语境中逻辑学家的思想和视野,脱离不了同时代理论学科的进步与发展。

一阶谓词逻辑即现代逻辑的出现是逻辑发展史的另一个里程碑,它起源于莱布尼茨主张用逻辑计算来减轻思维推理负担的理念。迈克·比尼(Michael Beaney)对此指出:"正因为证明可以不借助直觉而进行,莱布尼茨才如此着迷于符号方法。正如他在 New Essays 中所说的,所谓'符号艺术'的广义代数的巨大价值就在于它'减轻了想象的负担'。如果证明可以纯机械地产生,那么它们就可以从我们自身思维过程的反复无常中解放出来;不同于笛卡尔和洛克的看法,对莱布尼茨来说,一个命题的地位即它的真假、必然性或偶然性并不取决于它的理解方式,这可能因人而异,而是取决于它的证明方法,这是一个客观上可确定的问题。"②莱布尼茨的理念被后来的逻辑学家继承:布尔代数把命题推理的有效性判断变成了一种数学运算;弗雷格和罗素使用一阶谓词演算来分析自然语言;塔斯基建立起一阶谓词逻辑的语义模型;哥德尔证明了他的刻画定理即可靠性定理与完全性定理,至此一阶谓词逻辑的理论框架定型。图灵实现了对任何复杂推理或算法的计算机模拟,从此对人类推理的模拟不再是纸上谈兵而是机器可实现的,人类文明正式迈入人工智能时代。20 世纪下半叶,认知科学的兴起和心灵哲学的复兴深刻改变了人们对语言与思维二者关系的理解,福多(Jerry Fordor)提出了关于心理过程的可计算理论,主张存在有一种思维语言,并把人类的心理活动视为思维语言上的图灵式计算。从此,以现代逻辑为基础发展出来的图灵

---

① 〔英〕威廉·涅尔、玛莎·涅尔:《逻辑学的发展》,张家龙、洪汉鼎译,商务印书馆,1985,第 3 页。

② Beaney Michael, "Analysis", *The Stanford Encyclopedia of Philosophy* (Summer 2021 Edition), Edward N. Zalta(ed.), URL = <https://plato.stanford.edu/archives/sum2021/entries/analysis/>.

机与认知科学对思维以及言语行为的研究开始融合，逻辑学家试图用机器来模拟人的思维、推理与言语行为，并催生了人工智能科学的蓬勃发展。时至今日，人工智能已经成为我们这个时代的先锋科学，不同时代的逻辑学家对于用机器模拟人类思维与推理的孜孜追求在这个过程中功不可没。一言以蔽之，由于逻辑学的基础性和工具性，它始终关注人类的思维与推理，与同时代的先锋学科步调一致、协同发展，尤其是在人工智能科学大步前进和数字社会的大背景下，当前的逻辑学发展呈现出广泛的可应用性和跨学科特征。

（二）新时代逻辑学创新发展的内在驱动

2022 年 2 月 28 日，习近平总书记在主持召开中央全面深化改革委员会第二十四次会议时强调："要全方位谋划基础学科人才培养，科学确定人才培养规模，优化结构布局，在选拔、培养、评价、使用、保障等方面进行体系化、链条式设计，大力培养造就一大批国家创新发展急需的基础研究人才。"①同年，教育部、财政部、国家发展改革委联合发文指出："建设一批基础学科培养基地，以批判思维和创新能力培养为重点，强化学术训练和科研实践，强化大团队、大平台、大项目的科研优势转化为育人资源和育人优势，为高水平科研创新培养高水平复合型人才。"②不难看出，当前基础学科拔尖人才的培养已经被提升到关系国家未来发展的战略高度，而"批判思维和创新能力培养"是基础人才培养的根本和重点，目的是培养造就一批具有创新能力的高水平复合型人才。

所谓创新，不论是理论创新、技术创新、制度创新还是文化创新，首先是思维的创新，离开了思维的创新，其他任何创新都会成为无源之水、无本之木。然而，思维的创新并不是什么突发奇想、天降妙法，它只能是对已有

---

① 《加快建设世界一流企业 加强基础学科人才培养》，《人民日报》2022 年 3 月 1 日。

② 《教育部 财政部 国家发展改革委关于深入推进世界一流大学和一流学科建设的若干意见》，2022 年 1 月 29 日，中华人民共和国教育部，http://www.moe.gov.cn/srcsite/A22/s7065/202202/t20220211_ 598706. html?eqid=d305a2ca0000a24a00000003642961b0。

思维形式的批判式继承、大胆革新和创造性发展。因此，批判（性）思维①与创新思维两者具有天然的紧密关系。此外，不论是学科定位上还是实质内涵上，逻辑思维与批判性思维的研究内容又是内在关联的。恩尼斯把批判性思维定义为，"针对相信什么和做什么的决定而进行的合理的反省思维"。②为了获得正确的信念并辩护行动，我们应该对自己的信念和行动展开合理的反省，故而批判性思维就本身包含论证框架的逻辑有效性以及论证策略上对逻辑谬误的规避等内容。不过，董毓指出："批判性思维是'实际的逻辑'……；它不仅包括关于结论为真的论证，也包括关于行动的合理性的论证。……批判性思维的对象和技能也超出了论证范围，它还包括问题、背景、证据、信息、断言、方法、标准、概念化等思维的要素。批判性思维的反思性遍及理性思维的全部要素和全部层次。它深入水下对自我的深层假设进行探测，它上升空中对我们依据的方法和标准进行元思考。批判性思维不仅评估过去、现在的观念和论证，而且探究和构造未来的观念和论证。批判性思维不仅要批判，更要发展。它以'即使是知识也是可错的'的观念为基石来促进发展和创造。"③

以批判性思维为纽带，逻辑思维和创新思维之间保持着一种既关联又有差异的辩证张力。一方面，合理的反省思维要求我们的信念正确地反映外部世界的真实样态，只有秉持着求真的精神才能促进我们学习和发展科学理论。大部分哲学家都把信念看作行动者的心灵向世界的适应，因为世界的事态遵从组合性原则，所以证成信念或信念推理的逻辑也应该遵从组合性原则。在此意义上，我们的思维尤其是对信念的反省思维需要遵循经典逻辑的指导。另一方面，实践行动通常又可被视为世界朝向心灵的适应，通过行动，人类改变了世界的样态以适应人类自身的欲求或实践目的。因此，行动的逻辑有其自身的特征，它不完全地接受甚至是突破了经典逻辑（关于世

---

① "critical thinking" 一般有两种译法，或曰批判思维，或曰批判性思维，下文对此不做区分。
② 〔美〕罗伯特·恩尼斯：《批判性思维：反思与展望》，仲海霞译，《工业和信息化教育》2014 年第 3 期，第 18 页。
③ 董毓：《再谈逻辑和批判性思维的关系》，《高等教育研究》2019 年第 3 期，第 20 页。

界的逻辑）的指导。一个很明显的例证是，在同一个实践行动中行动主体可以合理地抱持截然不同甚至完全相反的目的，这并不违背他的实践理性。同一个信念状态不容许矛盾是因为矛盾不可能同时存在于同一个世界状态中，但这样的要求不适合行动者的目的系统，人们总是在权衡每一个行动的利弊得失，尽管无法周全但始终想要趋利避害。

尽管批判性思维包含有逻辑思维或技术的部分，不过"更重要的是，批判性思维超越了技术的层次。自我批判、开放理性、求真、谨慎细致的精神和习性是批判性思维的首要标准。批判性思维教育的第一要务是培养这种理智品德和思维习惯。这对人和社会比技术还要重要"。①批判性思维不仅要求思维按照逻辑理性恰当地得出结论，更凸显了思维的实践导向与创新功能。培根说"科学的真正的、合法的目标说来不外是这样：把新的发现和新的力量惠赠给人类生活"，② 因此有人主张，"培根把科学实验引入认识论，不仅给唯物主义的认识论增加了新的内容，而且有实践是真理标准的思想萌芽"。③ 从这个角度看，批判性思维重视探究与论证相结合的溯因推理，在精神实质上类同于培根的"新工具"，凸显了思维尤其是科学探究活动的实践导向，即认识自然与改造自然的目的是增进人类的福祉。因此，服务于科学求真的逻辑思维在面对思维活动的实践目的时不能完全置身事外，这也许是近来关于实践推理的研究如火如荼的一个缘由。正是由于这种实践导向，批判性思维不仅强调开放的合理性，也开显出创新的可能性，"开放的合理性：论证不仅是关于信念的真假，而且还是关于行动的合理性；各种实际的推导是合理的；合理性不是演绎的必然性，而是开放、实践的。……创造性：不破不立，不立不破。立，就要构造和创造替代观念、假说、检验等。所以，对探究的兴趣、好奇心、想象力和创造也是批判性思维的习性"。④

---

① 董毓：《再谈逻辑和批判性思维的关系》，《高等教育研究》2019 年第 3 期，第 20 页。
② 〔英〕培根：《新工具》，许宝骙译，商务印书馆，2021，第 64 页。
③ 张志伟主编《西方哲学史》，中国人民大学出版社，2010，第 260 页。
④ 董毓：《再谈逻辑和批判性思维的关系》，《高等教育研究》2019 年第 3 期，第 20 页。

逻辑思维遵从真理的规范，它要求我们的信念与外部世界相符合；批判性思维遵从实践的规范，它要求我们的思维突破现有的限制、做出行动、改变现实以满足行动主体的需求。创造思维是综合逻辑思维与批判性思维的自然产物，它以逻辑思维及其对现实的信念刻画为依托，以批判性思维及其人类的现时需求为导向，它强调：为因应现实社会和人类需求的变迁，我们应该对传统思维与理论"合理地破"但绝非不顾实际后果地"乱破"，同时更突出了对新思维和新理论的"创造性地立"而非简单地"破而不立"。综上，新时代亟需逻辑学的创新发展，在"逻辑思维""批判性思维""创新思维"的辩证统一之中完成自己的时代使命，指导我们的思维推理与社会实践，在日趋复杂的数字社会中协助跨学科专业知识的整合，培养基础学科拔尖人才、创造新思想新理论、解决新问题。

二 探索数字社会背景下逻辑学研究的创新与发展

2020年11月，教育部新文科建设工作会议在山东威海召开。会议提出："文科教育融合发展需要新文科。新科技和产业革命浪潮奔腾而至，社会问题日益综合化复杂化，应对新变化、解决复杂问题亟需跨学科专业的知识整合，推动融合发展是新文科建设的必然选择。进一步打破学科专业壁垒，推动文科专业之间深度融通、文科与理工农医交叉融合，融入现代信息技术赋能文科教育，实现自我的革故鼎新，新文科建设势在必行。"[①]逻辑学始终关注人类的思维与推理，其研究对象中立于任何学科领域，因而在各个学科中都有广泛的应用。事实上，逻辑学研究及其方法论不仅渗透到中国哲学、西方哲学、理论语言学、数学基础、古汉语研究等传统学科领域，也在人工智能、电子信息工程、法律推理与法庭辩论、博弈理论和临床医学思维等新兴研究领域内有广泛的应用。逻辑学以其自身的工具性特征最适合成为

---

① 《新文科建设工作会在山东大学召开》，2020年11月3日，中华人民共和国教育部，ht-tp：//www.moe.gov.cn/jyb_ xwfb/gzdt_ gzdt/s5987/202011/t20201103_ 498067.html。

新文科建设的探路者和生力军。

山东大学逻辑学教研团队首次提出了"逻辑工程学"的理念，其有两层内涵。首先，逻辑学要利用自身的基础性到各个具体学科门类中去"做工程"，发挥固有的精确性特征，为其他具体的研究领域提供方法论指导，探索与其他传统学科或新兴学科的交叉研究领域。其次，要将逻辑学在跨学科发展中取得的成果进行总结，把其他学科中的好方法和好理论带到逻辑学研究中来，做好新时代中逻辑学自身的"新工程"。事实上，现代逻辑在数学、哲学、语言学、电子工程学和计算机科学中已经有了许多运用，并且在机器自动推理、自然语言处理与机器翻译以及数字系统中展现出广阔的应用前景。结合团队自身的研究兴趣，我们旨在推进以下逻辑学的跨学科研究方向。

（1）逻辑学与中国哲学的交叉研究。该研究方向从当代逻辑学的角度重新检视分析墨辩与佛学辩论方式，包括因明学、中观四句否定和禅宗的各种棒喝与应答方式以及易经中阴阳与卦变的思想，力图揭示墨学、易学、佛学和当代逻辑学四者间的内在关联，希冀发展出分析中国哲学与分析佛学流派。

（2）逻辑学与西方哲学的交叉研究。该研究方向聚焦当代逻辑学在西方哲学，特别是在分析哲学中的应用，包括对各种悖论例如集合论悖论、语义悖论、模糊性悖论、认知悖论的分析与解决方案的提出；当代逻辑学在专名与摹状词分析上的应用，在各种模态概念如必然性、知识、信念、道义分析上的应用，在当代因果科学与 AI 哲学中的重要应用，以及在当代决策理论与条件句上的发展等。

（3）逻辑学与数学的交叉研究。由于数理逻辑的出现极大地丰富了逻辑学研究的方法，其中集合论、模型论、证明论等理论，也成为数学基础的研究的核心；此外，数理逻辑也为泛代数的研究提供了新方法，泛代数研究的结果也反过来促进了逻辑学的发展。该研究方向旨在探索数学和逻辑学这两个学科之间彼此携手、砥砺前行的紧密联系。

（4）逻辑学与语言学的交叉研究。该研究方向，一是立足于思想史视域下逻辑学与语言学的交互，梳理从基于自然语言表层句法的三段论逻辑到用人工语言来表征句法深层结构的谓词演算的发展脉络；二是在检视规范性视角下逻辑学与语言学的交锋，聚焦于真值规范下的形式语义学与实践规范下的日常语言学派在意义生成上的对立，以及形式逻辑在语用意义分析框架上的回归；三是从认知能力与语言及其意义的关系问题入手，探讨逻辑在认知语用学、认知语言学与自然语言处理（NLP）中的可能应用。

（5）逻辑学与古代汉语的交叉研究。该研究方向，一方面可以从对比研究的角度重新检视分析诸子百家在名实问题、指物问题、正名问题等涉及语言、概念与意义、行为、客观实在关系的哲学讨论，并尝试探索诸子名学理论与西方指称理论、唯名论、实在论、言语行为理论等理论的异同比较；另一方面，聚焦当代逻辑学在古代汉语研究中的应用，尤其是从逻辑小品词的视角对诸如或、若、则、故、为、谓等虚词的语义进行分析，以及探讨包括形如"……者，……也"的判断句，形如"若/苟/若使……，……"的假设复句，形如"……，故/是故……"的因果复句等各类句式的深层语义。

（6）逻辑学与电子工程学的交叉研究。21 世纪是信息爆炸的时代，便利的互联网、人手一部手机以及计算机的迅速发展等，共同造就了现况。逻辑学与电子工程学的交叉研究将表明，这样的时代奠基在哲学家与逻辑学家的成果之上，目前通用的组合式电路设计与序列式电路设计无一例外会涉及命题逻辑、谓词逻辑、模态逻辑（如时态逻辑）等内容。

（7）逻辑学与人工智能的交叉研究。逻辑学研究人类的推理和思维，而人工智能就是要让机器模拟人类的推理和思维能力，因而逻辑学是人工智能的理论基础之一，并且逻辑主义方法也是目前人工智能领域的三大主流方法之一。该研究方向主要涉及自动定理证明系统的基本算法、利用逻辑方法来构建常识推理系统、各种知识表示方法和技术以及推理方法的算法实现、利用逻辑方法让机器模拟人的规划决策能力、使用非单调逻辑系统处理不确定性和模糊性的方法以及逻辑方法所面临的挑战，如框架问题、结果问题以及先决条件问题等内容。

（8）逻辑学与博弈论的交叉研究。博弈论，又被称作游戏理论，研究在一些情境中决策者间如何获得最大收益的决策行为。而对这些行为的研究很大程度上依赖于逻辑或数学模型的建立，一个良好的逻辑模型将使得决策行为变得清楚明白而易于寻找最优化策略。逻辑不仅构成了博弈论研究的理论基础，逻辑学理论结果的应用也帮助我们在博弈中得到理想的决策方案。该研究方向一方面将介绍应用与博弈论研究的逻辑学理论，另一方面将会从特定案例出发，说明逻辑学方法在博弈论研究中的核心作用，同时介绍这些结果在其他领域（例如经济学）的应用。

（9）逻辑学与医学临床思维的交叉研究。临床思维是为认识疾病的本质而对疾病现象展开调查、分析、综合、判断、推理等的思维活动。除演绎推理外，广义的逻辑推理还包括归纳、类比、最佳解释推理等，其在诊断实践中发挥重要作用。该研究方向关注以下三个内容。第一，临床诊断医学是基础医学转向临床医学的关键学科，医学生通过理论知识做出正确诊断需要诉诸逻辑规范性；第二，医生需要恰当的论证框架来说服病人接受预先制定的医疗方案，识别逻辑谬误以合理规避医疗纠纷、明确医疗责任；第三，诊断案例将助推实践推理的理论研究，为推理的元哲学反思提供丰富素材，并促进相关的逻辑哲学讨论。

人工智能科学与技术深刻改变了当今的社会形态，改变了人类的思维与实践模式，进而改变了人类的需求。推进逻辑学的跨学科发展，一方面有助于打破学科和专业的壁垒、实现跨学科专业的知识整合。在人工智能领域，逻辑学被广泛应用于知识表示、推理和规划等方面，帮助机器理解和模拟人类的思维与推理过程。另一方面，逻辑学也在与哲学、数学、语言学、法学和医学等学科的交叉发展中拓展了自身的研究领域，吸收了其他学科的先进理论与方法，在应用层面产生了许多重要的成果，实现了自身的创新与发展。总而言之，逻辑学为人工智能科学与技术的发展提供了重要支撑，新时代逻辑学的发展以"跨学科"为主要特征，通过与其他学科的交叉融合、协同发展，有助于解决数字社会背景下日趋综合化、复杂化的各种社会经济问题。

三 探索数字社会背景下逻辑学教育的创新与发展

传统的逻辑教育主要服务于两个目的。近代科学革命以来，大部分的理论科学都采用逻辑方法来建构自己的知识体系。为理解和把握这些知识理论，学习者必须具备相当的概念辨析与逻辑推理能力。通过系统的逻辑学习与训练，培养学生的逻辑思维能力以满足专业理论学习的需要，这是传统逻辑教育的第一个目的。这是一个从"理解"角度产生的需求，因为学生唯有具备相当的概念辨析与逻辑思维能力，才能更好地学习和掌握专业领域中的基础理论。此外，通过抽象的形式化训练可以使学生的头脑更加敏锐，让他们自觉抵制错误推理和逻辑谬误，这是传统逻辑教育的另一个目的。这是一个从"运用"角度产生的需求，因为学生不仅要辨识推理的好坏优劣，还要有能力构造和运用好的推理来做科研、写论文并解决工作生活中遇到的各种复杂问题。

不妨借助于科学思想史中关于落体定律的发现来阐明传统逻辑教育的这两个目的。在经典的物理学教科书中，落体运动被描述为一个匀加速的直线运动并且速度的增加与下落时间成正比。为说明落体所经过的距离与下落时间的平方成正比，经典解释通常会给出以下概念辨析与逻辑推理过程。假定

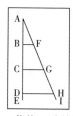

图 1 落体运动的刻画

落体由于重力从 A 点开始沿射线 AE 从静止开始做匀加速直线运动，g 是重力加速度常数，线段 AB 表示落体从 A 运动到 B 的时间 t_{AB}，不考虑空气摩擦等因素，则落体在 B 点的速度为 $V_B = g \cdot t_{AB}$。射线 AI 与 AE 形成一夹角，线段 BF 表示落体在 B 这个瞬间所下落的距离①，因此落体从 A 到 B 所下落

---

① 此处对这个匀加速运动的距离计算用到了微积分的思想。具体来说，B 在这里不表示一个时刻而是一个无穷微分后的极小瞬间，落体在这个瞬间内被视为做匀速运动，因此落体在这个瞬间经过的距离就是它在这个瞬间的速度 V_B 乘以这个瞬间的时间长度 t_B，不妨记为线段 BF。时间段 AB 包含无数个像 B 这样的瞬间，从这些瞬间向射线 AI 都可以引出一条垂直的线段以表示落体在该瞬间经过的距离，因此落体在时间段 t_{AB} 内经过的距离就可以视为对所有这些垂直线段进行积分而得到的结果，即 △ABF 的面积。

的距离 S_{AB} 就可以用 $\triangle ABF$ 的面积表示。最终，$S_{AB}/S_{AD} = \triangle ABF/\triangle ADH = AB^2/AD^2$。由于线段 AB 和 AD 分别表示物体下落的时间，于是落体下落的距离与下落时间的平方成正比。要理解这个经典解释，学生首先要有一定的概念辨析能力，例如射线 AE 上的每一个点代表落体下落所经历的每一个时刻；还要有一定的逻辑推理能力，例如一定的几何证明能力；此外还要有一定的抽象思维能力，例如将三角形面积理解为落体下落距离的积分。上述能力的培养对应着传统逻辑教育的第一个目的，即逻辑教育要满足学生"理解"经典科学理论的需要。

不过，教科书的这个经典解释并没有反映科学思想发展的真实历程。1604 年伽利略和 1618 年笛卡尔在解释落体运动时不约而同都把射线 AE 看作是下落距离的矢量，而不是下落时间的矢量。柯瓦雷指出了伽利略和笛卡尔在研究落体定律时都曾犯过的一个类似的错误——他们都把射线 AE 上的点视为落体所经过的每一个距离而不是所历经的每一个时刻，"事实上，笛卡尔在他的答复［对毕克曼落体定律猜想的答复］中确实犯了错误，他交给毕克曼的表述是错误的。然而，耐人寻味的是，笛卡尔所犯的错误与 15 年前伽利略曾经犯过的错误完全相同（或者更确切地说，可与伽利略所犯错误互补），因为伽利略也犯过同样的错误"。① 1604 年，在第一次刻画落体运动的本质时，伽利略一开始就错误地把落体速度的增加与下落运动所经过的距离直接关联起来，据此落体在 B、C 两点的速度之比 $V_B/V_C =$ 下落距离 AB/下落距离 AC。换言之，由于受同一个运动原因即重力的影响，落体每经过一份距离其速度就增加一份，即落体做一个匀距离的加速运动。另一方面，伽利略认为落体的速度之比是所用时间之比的倒数，因为增大速度与减少时间是同一回事，进而他得到了 $V_B/V_C =$ 落体通过 AB 的时间与落体通过 BC 的时间之比的倒数，记为 $V_B/V_C = (t_{AB}/t_{BC})^{-1}$。从经典解释来看，伽利略的这个结论无疑是错误的，因为 $V_B/V_C = (g \cdot t_{AB})/(g \cdot t_{AC}) = t_{AB}/t_{AC} \neq (t_{AB}/t_{BC})^{-1}$。在"速度的匀增加关联于距离或关联于时间"这两种理论

---

① 〔法〕亚历山大·柯瓦雷：《伽利略研究》，刘胜利译，北京大学出版社，2008，第 90 页。

假设面前，即落体运动是匀时间的加速运动或匀距离的加速运动这两种竞争性的理论假设面前，1604 年的伽利略和 1618 年的笛卡尔犯了同样的错误。假设下落距离的变化和速度的增加之间存在着某种关系，并将速度确立为高度的函数，甚至假定两者之间存在着一种严格的比例，对当时的伽利略和笛卡尔来说，没有什么比这更自然的了。如果把落体运动的刻画放置在几何空间中，将速度的增加与时间直接关联显得更不自然，因为在几何空间中根本不容许时间的概念。在考虑落体受到持续的冲力（即重力）而做匀加速运动时——这是毕克曼就落体问题向笛卡尔寻求帮助时设定的理论假设，笛卡尔据此认为这种匀加速运动必须被刻画为等距的匀加速运动，因为他不能跳脱于几何空间的理论框架来考虑落体问题。①伽利略一开始也犯了这个错误，他先在几何空间中考虑落体的匀加速运动——运动的原因不变时每经过一段距离落体增加一份速度，之后他才把时间的因素加入进来并得出了一个错误的结论，即速度之比是落体经过等距的时间之比的倒数。伽利略花费了很大的气力才摆脱这个错误的理论假设，最终以时间为矢量来描述落体的匀加速运动，从而发现了落体定律的正确刻画，即物理教科书对落体定律的经典解释。

如果已经知道了落体做匀时间的加速运动，在这个理论假设下，根据概念辨析与逻辑推理学生可以相对容易地完成这个"理解任务"并得出结论——落体下落的距离与下落时间的平方成正比。但是，如果想要理解落体定律发现的真实进程，尤其是那些伟大科学家走过的弯路和犯过的错误，就必须对他们曾经持有的错误理论假设及其根本原因展开分析。后者显然是另一个完全不同的任务，因为对它的探索需要进一步澄清这些伟大的科学家为何很轻易地就接受了现在看来是完全错误的理论假设。要完成后一个任务，仅依靠相当的概念辨析与逻辑推理能力是不够的，还必须让学生具备一定的

① 笛卡尔为什么始终不能跳离几何空间来思考落体问题，详见〔法〕亚历山大·柯瓦雷《伽利略研究》，刘胜利译，北京大学出版社，2008，第 118～153 页；伽利略最终在阿基米德空间中成功地对落体定律做出了正确刻画，详见〔法〕亚历山大·柯瓦雷《伽利略研究》，刘胜利译，北京大学出版社，2008，第 153～177 页。

批判性思维和创新思维能力，例如具备"合理的质疑与问题驱动""全面性与深入性的分析""反思自我与超越性"等能力。柯瓦雷在评价这段科学史话时指出："然而，对于科学思想史学家，至少是对于'历史学家—哲学家'来说，失败和错误，尤其是像伽利略和笛卡尔等人的错误，有时会与他们的成功同样弥足珍贵，甚至可以说更为珍贵。因为，这些失败和错误不仅非常富于启发，而且也（往往）使得我们能够理解和把握他们思想的隐秘的发展历程。"[1]仅依靠形式逻辑的知识与技术，大多数时候我们不太可能找到解决实际问题的答案。只有深入问题、语境、条件、辅助假设、因果机制和背景理论等要素中展开实质的探究，理论或实践中的真实问题而非教科书中描述的问题才能清楚得到呈现，创新性的解决思路或方案才有了可能。上述批判思维与创新思维过程及其能力的培养对应着传统逻辑教育的第二个目的，即逻辑教育要满足学生"运用"逻辑知识与技术的目的。逻辑教育的第一个目的是满足学生理解经典科学理论的需要，以培养他们的概念辨析、逻辑推理以及抽象思维能力；而逻辑教育的第二个目的则是让逻辑知识与技能服务于学生的实践运用和创造性地解决实际问题。传统逻辑教育也会顾及后者，但长久以来它都处于从属的地位，远不如前一目的来得重要。

人工智能理论与技术的发展带来了新兴的产业革命、塑造了如今数字社会的新形态，这也给当前的逻辑教育提出了更高要求。以大数据技术、机器自动学习、自然语言处理为核心的人工智能技术飞速发展，不断地模糊着传统学科的边界，催生出大量的交叉研究领域。在此背景下，不论是逻辑学研究还是逻辑学教育都不能满足于"扶手椅上"的空想，时代要求我们去探索逻辑学在这种学科大交叉、大融合格局中的作用。唯有如此才能做出"接地"的逻辑学研究与逻辑教育，为新技术、新产业、新业态、新模式下的新旧动能转换贡献自己的力量，服务于国家的重点战略。目前国内高校的逻辑教学大多仍囿于传统形式逻辑的狭窄视域，忽略了现代逻辑的跨学科特性，较少关注各学科交叉融合的新态势，限制了自身的发展潜力。

---

① 〔法〕亚历山大·柯瓦雷：《伽利略研究》，刘胜利译，北京大学出版社，2008，第91页。

当前的逻辑教育改革，需要注意以下几个要点。在数字社会背景下，逻辑学已经逐渐从纯理论学科转变为理论与应用兼具的跨学科类型。因此，首先，新时代的逻辑教育要加强逻辑知识与技能的应用性，将逻辑工具运用在实际问题的分析和解决中。例如，在人工智能算法的设计与优化中，就特别注重根据问题提出的场景灵活运用逻辑推理的能力。其次，逻辑教育不仅要注重"问题分析—解决"的实践导向，还要注重逻辑推理能力的实践训练。人工智能技术的发展需要对解决问题的理论假设展开大量的实验测试与验证。因此，新时代的逻辑教育也应该注重培养学生的实践动手能力，通过案例分析、实验设计等方式，让学生将逻辑知识具体应用到实际问题的解决中，并得到反馈和改进。唯有如此才能帮助学生更好地理解逻辑知识，切实地提高逻辑推理能力。例如，关于电路设计的教学就有助于启发学生去思考逻辑算法的优化与工程设计效能的提升二者的关系。再次，数字社会背景下的逻辑教育更强调跨学科融合。人工智能的发展需要多学科协同，数字社会背景下逻辑学的创新发展也不例外。逻辑教学不仅要与哲学、语言学、数学等传统学科结合，也应该与计算机科学、电子工程学、人工智能科学、认知与脑神经科学等先锋科学结合，让学生全面了解逻辑学与其他学科的交叉应用与协同发展，培养学生开展跨学科研究的综合能力。最后，当前的逻辑教育还要重视自主学习。人工智能技术飞速发展，逻辑教育也要不断更新逻辑学在跨学科交叉发展中的新动向。新时代的逻辑教育要注重培养学生的自主学习能力，引导和激励他们积极参与科技创新活动，持续关注逻辑学跨学科发展的新领域、新理论与新技术，紧跟时代的潮流，不断提高自身的逻辑思维能力、实践能力和创新能力。

总之，逻辑学研究的跨学科发展与逻辑教育的改革创新是相辅相成的，它不仅响应了时代的需求，也向高校中的逻辑学科研工作者提出了"教学相长"的更高要求。

近代日译逻辑学教科书对中国逻辑思想的影响

——以大西祝《论理学》为例

钟秋萍*

摘 要： 在近代逻辑学传入中国和发展的过程中，日本作为西方学术思想引介的"中转站"，发挥了不可忽视的作用。20世纪初，一批日译逻辑学教科书在中国的普及，不仅直接推动了逻辑学的教学与研究，也促进了中国逻辑学知识体系的构建和逻辑思想的交流。在逻辑思想上，这批日译逻辑学教科书也对"逻辑学是什么"这一核心问题进行了回答。其中，《论理学》的逻辑思想对中国逻辑学发展产生了很大影响。本文以大西祝《论理学》为例，分析和总结近代日译逻辑学教科书对中国逻辑思想的影响，探究近代中国逻辑思想发展的理论逻辑和历史脉络。

关键词： 日译逻辑学教科书 逻辑思想 大西祝 《论理学》

在 2022 年的第十七次中国逻辑史全国学术研讨会上，在对中国近现代逻辑思想的形成与发展的探讨中，何杨、钱爽等认为，近现代逻辑学东渐的研究要特别注意日本学界的影响。翟锦程在《近代中国逻辑思想研究源论》

---

* 钟秋萍，南开大学哲学院硕士研究生，主要研究方向：逻辑史、论证理论。

中提出："西方传统逻辑作为研究中国逻辑的观念和方法虽有孙诒让的启蒙，但没有得到直接回应，而后受日本学界的启发才逐步在中国学界有所反响。"① 可以看出，来自日本的逻辑相关引介启发和推动了中国近代逻辑研究。在 20 世纪初西方逻辑学的传入过程中，日本学界对于中国逻辑学的影响主要分为两方面，一是逻辑思想的交流，促进了中国逻辑学界对于中国哲学和文化的反思；二是日译逻辑学教科书的普及，推动了逻辑学在中国的传播和中国逻辑学知识体系的构建，后续不少国人自编的逻辑学教材都参照了日译逻辑学教科书的体例及内容，日译逻辑学教科书可谓影响了一代国人对逻辑学最初的认识。正是因为日译逻辑学教科书对当时国人逻辑启蒙有重要意义，其书中展现的逻辑思想值得探讨。那么，日译逻辑学教科书中到底呈现了怎样的逻辑思想？其在当时对中国逻辑学的发展产生了哪些影响？这些影响又在后续中国逻辑学发展中起到了哪些作用？在以往学者的研究中，这些问题并未得到充分的探讨，或者其研究分散在因明学、逻辑术语方面，导致这些问题没有得到系统整合。笔者在收集和研读 20 世纪初的一批日译逻辑学教科书以及参考现有近代逻辑学发展相关资料的基础上，以大西祝的《论理学》为例，梳理和探究近代日译逻辑学教科书对中国逻辑学的具体影响，为中国逻辑学学科体系建设研究提供一定的理论参照。

一　近代日译逻辑学教科书的引入

较之中国，日本更早地对西方逻辑学著作进行系统的译介，在明治维新时期，已译介近百种逻辑学论著。② 在近代西学东渐的思潮中，日译逻辑学教科书传入中国，对中国逻辑学产生了深远的影响。其主要的传入渠道，既包括日本留学生直接翻译，也包括来华日本教习的讲义整理。最早将日译逻辑学教科书译到中国的，当属杨荫杭。杨荫杭是杨绛之父，曾在日本早稻田

---

① 翟锦程：《近代中国逻辑思想研究源论》，《中国高校社会科学》2016 年第 1 期，第 57 页。
② 翟锦程：《近代中国逻辑思想研究源论》，《中国高校社会科学》2016 年第 1 期，第 57 页。

大学留学。其受革命党思想影响，加入"励志会"，参与创办《译书汇编》，著译活动丰富，对当时国内了解西学和日本研究成果作出了重要贡献，但其作品却少有人知。其比较知名的译著有日本加藤弘之的《物竞论》中译本、《名学》。《名学》一书于1902年5月由东京日新丛编社出版，同年又以《名学教科书》为名由上海文明书局再版，是杨荫杭在课余时间参照日文西方逻辑学著作，花十几天翻译而成。其后，一股翻译日文逻辑学著作之风盛行，许多著述被直接用于正规的学校教育中，成为中国早期的一批逻辑学教科书。此外，也有一批日本学者应聘来华并教授逻辑学，例如服部宇之吉于1902年到京师大学堂的速成师范馆担任总教习，同时负责论理学、心理学和教育学的讲义制作。再如日本哲学博士渡边龙圣在北洋大学堂讲授生理学、心理学、论理学、教育学、教授法、管理法诸科，由此也遗留下一批日译逻辑学教科书。在20世纪前期，传入中国的主要的日译逻辑学教科书如表1所示。

表1　20世纪前期主要的日译逻辑学教科书及作者

年份	书名	作者
1902	《名学教科书》	待考证
1903	《论理学纲要》	十时弥
1904	《论理学讲义》	服部宇之吉
1906	《论理学》	高岛平三郎
1906	《论理学》	大西祝
1907	《论理学教科书》	高岛平三郎
1908	《最新论理学教科书》	服部宇之吉
1925	《师范学校用论理学纲要》	高山林次郎

这些日译逻辑学教科书的传入和普及，使得逻辑学在国内一度成为广为讨论的对象。与此同时，不同的教科书对于"逻辑学是什么"这一问题也有不同的思考，其中蕴含的逻辑思想，也影响了后世建构逻辑学学科体系的方向。例如在《名学》中，杨氏对名学给予了高度评价，将其称为"智门

之键，哲理之冠，智力之眼，心意之灵药，智海之明灯，真理发见之伎术"。① 在《名学》一书中，论理学包括名辞、命题、推度法。"盖凡名学者于事物、思想、言语三者，皆有所关系。至欲问名学以关于何者为多，则亦不必深求。要之，无事物则不能发其思想，无言语亦不能达其思想。故于三者皆不能无所关系。"② 推度法最重要，可以分为演绎和归纳。"推度法分为二大别，一曰演绎法，一曰归纳法。……而演绎法之小别又分为二，一曰直测法，一曰转测法。"③ 因此，"名学"乃是"教人以推度之法则者也"，④"名学"一词也在较长时间内成为逻辑学的称谓。再如，十时弥的《论理学纲要》对中国逻辑学术语体系的形成和知识体系的构建也影响极大，在绪论中，他将论理学定义为"研究思考形式上法则之科学也"。⑤ 该书以逻辑规律、名辞、演绎和归纳为主体部分，重心为演绎推理。书中术语丰富，诸如单称名辞、集合名辞、抽象名辞等，不少都为后世所沿用。

二　大西祝《论理学》的逻辑思想探析

大西祝在日本哲学史上有相当大的影响力。《论理学》一书是 1891~1892 年大西祝在东京专门学校（现早稻田大学）的讲义录，由胡茂如在镰仓旅游时偶然购得，译成中文，后在国内广泛传播，更对因明研究产生深刻影响，是研究大西祝逻辑学思想可参考的主要文献。郑伟宏对《论理学》评价极高，"大西祝《论理学》汉译本的问世，影响汉传因明的研习近一个世纪。它对因明的普及，对因明与逻辑的比较研究是有很大推动作用的，其影响不容忽视"。⑥ 在同时期的日译逻辑学教科书中，《论理学》颇具特色，不仅在日本风行数十年，在中国也影响深远，后期国人自编的许多逻辑学教

---

①　杨荫杭：《名学》，（东京）日新丛编社，1903，第 5 页。
②　杨荫杭：《名学》，（东京）日新丛编社，1903，第 4 页。
③　杨荫杭：《名学》，（东京）日新丛编社，1963，第 22 页。
④　杨荫杭：《名学》，（东京）日新丛编社，1903，第 5 页。
⑤　〔日〕十时弥：《论理学纲要》，田吴炤译，三联书店，1960，第 1 页。
⑥　郑伟宏：《因明在近代的复苏与弘扬》，《法音》2002 第 12 期，第 20 页。

科书都参照了《论理学》的体例。

《论理学》的主体部分由形式论理、因明大意、归纳法大意三篇构成。形式论理十二篇，涉及名辞、命题、三段论、逻辑规律等演绎推理内容。因明大意共十篇，主要涉及因明的发展历程、古因明、新因明、三支作法和三段论的异同。归纳法共十一篇，涉及演绎和归纳的区别、类比、穆勒五法等内容。日文原版在其后还包含七篇附录，具体总结了因明、归纳、演绎三者的一些区别，用图表的方式呈现了三者的对照，以及还有逻辑学用语日英对照表等。从形式上看，《论理学》因明、演绎、归纳皆有，条分缕析，体例上已经相当完备。书中所绘图表生动形象，且附有大量的日常生活逻辑案例。作者还在书的上方对内容进行批注，勾画出章节要点，在末尾对总体内容进行梳理总结。还有一个值得注意的特点是，作者在篇末还附有补注内容，这在同类日译逻辑学教科书中并不多见，其内容多是作者对于逻辑知识的看法甚至是质疑。如在论及命题的构成和种类时，大西祝认为将主语、客语、系词三分的命题三分法不适用于全部语言：

> 于欧洲语言，概以主语客语位命题之两端，而系辞者居中，如执两端而系之也者，泰西论理学家以命题为由三部分而成，固无足怪。然欲以此分析应用诸凡所有之命题，在欧洲语已颇有所难，日本语尤难，若中国语则更难矣。即如上例，鸟鸣云者，分析之，不可不为鸟今现鸣者也，然此果能得原命题鸟鸣云者之意乎？[1]

从《论理学》中，可以看到大西祝对"逻辑学是什么"的探讨。本文从逻辑学的内涵、外延，以及演绎、归纳、因明三者的关系出发，认为该书具有以下三个特点。

从内涵上看，大西祝首先探讨了理由、推理和推论的关系，"故欲知识之正而确，亦须自正确其判定始。若夫判定者如何而始为正确乎。将欲证此。非直证之事实，则需揭明其所据之理由，而据以下他判定者是谓推理。

---

[1] 大西祝：《论理学》，胡茂如译，上海泰东图书局，1906，第12页。引文有改动。

今自其宣诸言语者而言之，而名之曰推论"。① 在大西祝看来，理由恰似"论点"，是论证事实时的依据。而"推理"则是一个判定的过程。"推论"是推理付诸言语得到的陈述，恰似"命题"。在此基础上，大西祝将逻辑学界定为"论理学者，所以究明推论之所以成立及其法则。一言以蔽之，则究明此推论之理法者也"。② 理法和法则不必进行区别，但大西祝论述了两种法则，一是自然法则，也就是自然规律；二是物理法则，为国法、道德之规等。而论理的法则属于后者。此后，大西祝还阐述了论理学的研究目的，他将心理学和论理学作比，把推理作为心理作用，作为心理学研究的课题，认为其属于自然法则的内容；而论理学讨论的是推论，是人们在生活中应当遵守的规则，其属于物理法则。当然，大西祝的区分显得不妥，有些心理主义的影子，论理的"推理"和心理的"推理"有交叉之处，两者不能以是否落实于言语及日常规则而区别。但总体来看，大西祝对逻辑学的讨论由浅入深，非常细致。相较于同期传入的日译逻辑教科书，如十时弥的《论理学纲要》，大西祝的《论理学》将论理学直接定义为"研究思考形式的法则"，大西祝的阐述更为全面，利用属加种差定义法、对比法等，从新的知识典范出发定义逻辑学的内涵，为中国逻辑学术语体系和学科体系的构建提供重要的参考。

从外延上看，大西祝在《论理学》中表示，"世界人民之兴与斯学者，盖不能求诸印度希腊人之外。虽间有之，皆导源于二土之人者"，③ 也即逻辑学的源头有古希腊形式逻辑和印度因明学。更进一步地，大西祝将形式（演绎）推理、归纳推理、因明学作为论理学的主要内容。"形式论理也、因明也、穆勒氏所谓归纳法也，学者能取是三者而通之，于世界所通行者之论理说，为已得其要领。"④ 以此为据，《论理学》即分为演绎、归纳、因明三部分，这说明大西祝将三者视为同等重要的原理。书中定义了形式（演

---

① 大西祝：《论理学》，胡茂如译，上海泰东图书局，1906，第 2 页。
② 大西祝：《论理学》，胡茂如译，上海泰东图书局，1906，第 2 页。
③ 大西祝：《论理学》，胡茂如译，上海泰东图书局，1906，第 2 页。
④ 大西祝：《论理学》，胡茂如译，上海泰东图书局，1906，第 3 页。

绎）推理，已经将推理的形式和内容进行区别，认为形式推理只研究推理的形式和规则，而不涉及其具体内容的真假，"所以谓形式者，以不问所思之事者为如何，而仅规定其思想之见于论理作用者之形式也，其所谓正与否，亦仅于论理之形式为，然而至论旨之于事实为真乎妄乎，则非所论"。[①] 关于因明学，大西祝将其视为东亚的论理学发端，与形式论理有一定相似性，认为其主要作用在于"明因"。"印度所构成者之论理学，因明是也。因明者，实东洋之一种论理学。与泰西所谓形式论理者颇相似。从事斯学者，彼此相参，其所裨益，决非浅鲜也……其目的所在，明因是也。何谓因，所据以主张一论旨者，盖凡立言，人得以因何而为此立言云云者，据之以求其因，故将欲立言，必须视其言之所以明因也。"[②] 最后，大西祝在演绎和归纳的对比中阐述了归纳法。演绎和归纳的主要区别在于演绎是从整体到个体，归纳是从个体到整体。"与演绎为对者为归纳法，归纳云者，为总括各事例，纳而归诸一立言之遍通者也。演绎法由全而及偏。归纳则由偏而达全。"[③] 大西祝所论述的归纳法主要包括穆勒的归纳、贝叶斯定理、类推、因果律等，相较于其他的逻辑学教科书，《论理学》探讨相当全面，且囊括了传统归纳逻辑中的大多数重要定理，作为一本逻辑学教科书，已经具有世界眼光。

从形式逻辑和因明的关系上看，大西祝也有创新的方面。在明治维新时期的日本哲学界，形式逻辑和因明两者的关系一直是重要课题，许多研究将因明和演绎、归纳联系起来探讨。一方面，日本学界中有西洋论理劣等说，如北畠道龙推崇因明学，贬低西方逻辑学，认为其是"没用的东西"；但另一方面，也有持因明劣等说者，如日本著名的哲学家西周在《致知启蒙》中指出，因明与西洋论理学实为同源，但因为因明在后世没有得到发展，所以劣于西洋论理学。[④] 而大西祝尤其注重因明学，他在处理两者的关系时以

---

① 大西祝：《论理学》，胡茂如译，上海泰东图书局，1906，第 7 页。
② 大西祝：《论理学》，胡茂如译，上海泰东图书局，1906，第 1 页。
③ 大西祝：《论理学》，胡茂如译，上海泰东图书局，1906，第 59 页。
④ 师茂树、李微：《明治时期的日本因明研究概况》，《青藏高原论坛》2017 年第 4 期，第 67 页。

因明学为主导，认为逻辑学都可用因明学来进行研究。三者都有不完全之处，因此大西祝主张结合演绎、归纳、因明，创建一种"新论理学"。也即，大西祝并不把因明学看作佛学的一部分，而是现代论理学研究的构成部分之一。

三 日译逻辑学教科书对后世的影响

近代日译逻辑学教科书对中国逻辑学的发展产生了深刻影响，不仅把日本学界对于逻辑学的探讨和西方逻辑思想带入中国，同时也启发了中国一批有识之士开启对逻辑学思想和范式的研究，在中国逻辑学学科的术语体系、知识体系以及逻辑思想研究的形成中产生了不可或缺的作用。具体可分为以下三点。

第一，日译逻辑学教科书促进了论理学的传播以及逻辑教学的发展。在20世纪之前的西学东渐思潮中，逻辑的相关引介极少，主要的逻辑学译著有李之藻译的《名理探》和艾约瑟译的《辨学启蒙》，但基本"译入后无甚影响"。[①] 直至1898年京师大学堂开设之后，各种西学的大量涌入才更进一步开拓了国人的视野，留日的留学生引入了大量日本的逻辑学研究著作，由此为20世纪初国人了解西方逻辑学和构建中国本土逻辑学学科研究奠定基础。相较于1905年严复翻译出版的《穆勒名学》，这批日译逻辑教科书更早地启蒙了国人的逻辑思想研究，并深入师范及中小学教学，影响了数代人对于逻辑的思考。并且后续国人自编的逻辑学教科书，不少是参照日译逻辑学教科书而编写的。例如十时弥的《论理学纲要》，宋文坚在《逻辑学的传入与研究》中认为"我国早期的逻辑学教材有不少是以它为根据的。如蒋维乔的《论理学教科书》、张子和的《新论理学》、张毓骢的《论理学》、卢广熔的《论理学教科书》"。[②] 再如，林可培在《论理学通义》的"编辑

① 宋文坚：《逻辑学的传入与研究》，福建人民出版社，2005，第7页。
② 宋文坚：《逻辑学的传入与研究》，福建人民出版社，2005，第18页。

大意"中，也说明了该书的参考来源和思路，"以日本今福忍之《论理学要义》、北泽定吉之《论理学讲义》、渡边又次郎之《论理学》为主，大西祝之《论理学》及十时弥之《论理学纲要》为辅，在参讲师高岛平三郎先生之所口授"① 编撰而成，由此可见日译逻辑学教科书对近代逻辑学教育的深刻影响。

第二，日译逻辑学教科书促进了中国逻辑学术语体系和知识体系的建立。早期国人翻译的逻辑学术语传播度不高，例如严复译的《穆勒名学》，尽管推动了国人学习逻辑学的热潮，但由于其大多数术语较为晦涩，译本难以读懂，导致当时很多人认为逻辑学很高深，这阻碍了国人对逻辑学的理解，甚至连鲁迅都评议道："现在严译的书都出版了，虽然没有什么意义，但他所用的工夫，却从中可以查考。据我所记得，译得最费力，也令人看起来最吃力的，是《穆勒名学》和《群己权界论》的一篇作者自序。"② 并且，严复在译著中也创造了很多逻辑学术语，但"因艰深难懂而并未得到广泛认同，即便是其所用的核心术语'名学'一词，亦未成为西方 Logic 移入中国后的学科名称"。③ 由此可知，在逻辑学学科中国的术语确定过程中，国人译著的参考性较低。近代所确立的大多数逻辑学术语，主要还是来自日译逻辑学教科书。日本人在借鉴西方逻辑学著作的同时，也依此创设了自身的逻辑学术语体系。日文中有和制汉字，也即以中国汉字的造字法中的会意或形声造字法所造出来的汉字。日本人利用和制汉字创设逻辑学术语，例如日文中的"論理學""形式論理""三段論法""因明""演繹法""歸納法"等，留日学生根据和制汉字的特点将逻辑学术语翻译到国内，产生了很大影响，这些逻辑术语取代了国人创译的逻辑学术语，直接促进了逻辑学术语体系的构建。如"《论理学纲要》中的术语和术语体系框架极大地影响

---

① 林可培编辑《论理学通义》，中国图书公司，1909，第 5 页。
② 《关于翻译的通信（并 JK 来信）》，载鲁迅《二心集》，译林出版社，2013，第 180 页。
③ 左玉河：《名学、辨学与论理学：清末逻辑学译本与中国现代逻辑学科之形成》，《社会科学研究》2016 年第 6 期，第 158 页。

了后来的逻辑教材中的术语定名和体系建构"。① 再如"论理学"这一术语直接取代了名学，后续很多逻辑学教科书都采用"论理学"之名，如商务印书馆 1912 年出版的蒋维乔的《论理学教科书》、1914 年出版的张毓聪的《论理学》、张子和的《新论理学》等。不仅如此，日译逻辑学教科书的术语还很全面，基本上覆盖了形式逻辑和因明学，例如《论理学》中的术语体系，"不仅包括西方逻辑术语如名辞、命题、三段论法、归纳法、演绎法等，几乎囊括了西方逻辑学的所有关键术语。书中还包括因明术语如古因明论式、新因明论式、三支作法、因之三相，等"。② 因此，尽管日译逻辑学教科书对逻辑学的引介也存在偏差之处，但其术语体系在推动中国逻辑学学科体系的构建以及近代化变革之中，仍然发挥着关键作用。

第三，日译逻辑学教科书推动了因明学的研究。明治维新之前，日本的因明学研究独树一帜，自成体系。但明治维新之后，受到西方文化传入的影响，日本的因明学研究被注入新的内容，了解印度佛教的手段进一步丰富。"在明治以后的百多年中，日本在因明研究上逐步突破了汉语因明的框架，通过梵、藏等文献实现了因明学向印度论理学的转向。"③ 因此在所著的普及性教科书中，将因明学放在论理学的版块，同时以西方逻辑学作为参照，将因明学称为"印度论理学"或"东洋论理学"。可见，在日译逻辑学教科书中，反映了当时日本学界传统因明学研究向近代科学的转型。这一趋势也促使国人对因明学进行反思，同时也影响了中国逻辑学学科中因明学地位的确立，促进了比较逻辑研究在中国的萌芽和发展。例如针对大西祝《论理学》，董志铁评价道："大西祝《论理学》的翻译、出版，极大地刺激、启发了我国学者。随后相继出版了一系列的因明论著：如谢无量的专论《佛教论理学》；陈望道的《因明学》，后经修订又名《因明学概论》；慧圆居士

---

① 龙潇：《逻辑学术语体系在中国近代的演变、形成与影响研究》，博士学位论文，南开大学哲学院，2019，第 105 页。

② 龙潇：《逻辑学术语体系在中国近代的演变、形成与影响研究》，博士学位论文，南开大学哲学院，2019，第 118 页。

③ 肖平、杨金萍：《近代以来日本因明学研究的定位与转向——从因明学到印度论理学》，《佛学研究》2010 第 1 期，第 402 页。

《因明入正理论讲义》等……该书有不同于同时代的其他逻辑书的显著特点：将因明引入逻辑书中，辟有专章加以介绍，开创了中国近现代思想界逻辑与因明比较研究的先河。"① 在 20 世纪初，随着佛学的复兴，因明学在中国迎来了新的春天，因明学研究也在新世纪呈现出佛学思想和逻辑思想相结合的重要特征，这是历史逻辑发展的必然。

第四，日译逻辑学教科书推进了中国逻辑思想的研究。什么是逻辑思想？崔清田认为，逻辑思想就是分散在不同问题中的对于逻辑的认识，它是逻辑学说的重要参考资料，可以看到如何将逻辑学理论运用于实践。② 可以说在中国逻辑思想的研究中，日译逻辑学教科书具有启发性和前瞻性。首先，日译逻辑学教科书本身蕴含着对逻辑的认识。例如前文在分析大西祝的《论理学》时提及《论理学》在"逻辑学"的外延和内涵认识上的创新，以及确立因明学研究地位。此外，一些中国学者的著述中沿袭了日译逻辑学教科书中的逻辑思想。例如国人自编的《论理学》（新学制高中教科书）在对逻辑学的定义上，提出"故论理学之定义，简单言之，可曰思考之科学。再进而详释之，则为研究思考作用之形式及法则，而为获得正确的知识起见，以论定必当遵守之规范为目的之科学也"，③ 这种表述类似于十时弥的定义——"论理学者，研究思考形式上法则之科学也"。④ 当然，不可否认日译逻辑学教科书对于中国逻辑学的启发，但不能认为中国逻辑思想的探索与日本学者完全一致，日译逻辑学教科书的主要贡献是为中国逻辑思想的研究提供了参考和铺垫。

结　语

近代日译逻辑学教科书受到重视的原因，与其在源头上影响了中国逻辑

---

① 沈剑英总主编《民国因明文献研究丛刊》，知识产权出版社，2015，第 6 页。
② 崔清田：《崔清田文集》，河南大学出版社，2016，第 48 页。
③ 王振瑄编《论理学》（新学制高中教科书），商务印书馆，1930，第 2 页。
④ 〔日〕十时弥：《论理学纲要》，田吴炤译，三联书店，1960，第 2 页。

思想和学科体系有关。从引入过程来看，日译逻辑学教科书作为引介西方学术思想的中转站，同时也掺杂了日本学界对于逻辑学的理解，由此近代学者所接触到的逻辑学并非纯粹的西方逻辑学，而是融合了日本学者逻辑思想的"西方逻辑学"。从这一层面上看，对日本学者的逻辑思想进行阐释是非常重要的。《论理学》作为当时在中日都影响广泛的一本教科书，从中也可把握大西祝对于逻辑学的理解。从对逻辑学内涵的探讨上看，大西祝将推理和推论进行区分，阐述了"论理"属物理之法。在外延上，大西祝将形式逻辑和因明学作为论理学的主干内容，在三者的关系上，大西祝主张将三者融合，实现一种"新的论理"，创立现代逻辑学。总而言之，日译逻辑学教科书中所体现的逻辑思想不仅影响了逻辑学术语体系和知识体系的建构，也推动了逻辑学的传播及因明学研究的进步。当然，日译逻辑学教科书中对西方逻辑学的原理也存在一定误解，在术语处理和知识建构方面存在不完善之处，这些也有待后续不断探索和研究，以此来促进中国逻辑学学科体系、知识体系建设。

· 逻辑与智能 ·

ChatGPT 及其推理能力[*]

宗 慧 洪 龙[**]

摘 要： 2022 年 11 月底，OpenAI 推出了一种免费使用的智能聊天机器人 ChatGPT，其至今已吸引了数以亿计的人工智能爱好者。已有的大量实例表明 ChatGPT 功能强大，是人工智能在人机会话方面取得的杰出成就。首先，本文从字面上介绍了 ChatGPT 和 GPT 的含义，展示了具有 Turing 所阐述的智能的 ChatGPT 与人的会话实例。其次，以问答方式测试 ChatGPT 是否具有推理能力，即是否具有 Watanabe 所定义的智能。本文选载了对其测试的有趣实例，并对它的表现逐一评析。最后，在简要介绍对 ChatGPT 的一些评论之后，展望了人工智能的发展和研究方向。

关键词： ChatGPT 自然语言推理 三段论 概念

* 本文系江苏省产学研项目"UI 后台设计软件的研发"（项目编号：BY2020369）、国家统计局科技计划项目"云环境下基于可逆水印的统计数据安全研究"（项目编号：2018LY12）、中国社会科学院实验室孵化专项"人工智能视域下逻辑推理形式复杂性研究"（项目编号：2024SYFH002）的阶段性研究成果。

** 宗慧，博士研究生，淮阴工学院副教授，硕士生导师，主要研究方向：逻辑与人工智能、模型检测、并行计算。洪龙，博士，南京邮电大学教授，博士生导师，主要研究方向：逻辑与人工智能、并行计算。

一　ChatGPT 简介

2022 年 11 月底，OpenAI 推出了 ChatGPT，它是基于 GPT-3 设计的聊天机器人。这里的 GPT（Generative Pre-trained Transformer）意指 "生成预训练转换器"，GPT-3 是一种预训练大型语言模型（Large Language Models，LLM）。在对大量文本数据进行训练之后，它通过调整模型参数，以期执行各种自然语言处理的任务，例如文本生成、问答、翻译等。因此，ChatGPT 主要是模拟人类对话并尝试回答用户问题的专用程序。

OpenAI 承诺免费使用的聊天机器人操作简单，没有技术专长的人也可以轻松使用。故在较短期间，ChatGPT 吸引了众多人工智能专业人员和爱好者，并爆炸式地产生了各种文本，也加剧了人们对 ChatGPT 日益增长的兴奋，这是继 AlphaGo[①] 和 AlphaStar[②] 之后出现的又一波人工智能热。已有的大量实例表明，ChatGPT 的功能强大，它不但能编写一定规模的计算机程序，而且能回答问题，还可以根据用户的要求撰写论文，并产生足够好的摘要，以至于专家很难发现这些论文是计算机完成的。[③]下面是人与 ChatGPT 对话的实例。

例 1　M（某人）："希尔伯特的贡献有哪些?"

C（ChatGPT）："大数学家 David Hilbert 的贡献非常广泛，以下是他的一些主要贡献。①数学基础的建立。Hilbert 是 19 世纪末 20 世纪初数学基础

---

① David Silver et al., "Mastering the Game of Go Without Human Knowledge", *Nature*, Vol. 550, 2017, pp. 354-359; David Silver et al., "Mastering the Game of Go with Deep Neural Networks and Tree Search", *Nature*, Vol. 529, 2016, pp. 484-489; David Silver et al., "A General Reinforcement Learning Algorithm that Masters Chess, Shogi, and Go Through Self-play", *Science*, Vol. 362, No. 6419, 2018, pp. 1140-1144; Oriol Vinyals et al., "Grandmaster Level in StarCraft II Using Multi-agent Reinforcement Learning", *Nature*, Vol. 575, 2019, pp. 350-354.

② Nature's Editorials, "Tools Such as ChatGPT Threaten Transparent Science; Here are Our Ground Rules for Their Use ChatGPT", *Nature*, Vol. 613, 2023, p. 612.

③ A. M. Turing, "Computing Machinery and Intelligence", *Mind*, Vol. 59, 1950, pp. 433-460.

领域的领袖之一，他致力于数学公理化和逻辑基础的研究，尤其是他的数学基础研究会议被认为是 20 世纪最重要的数学会议之一。他在这方面的工作包括数学基础的完备性和一致性的研究，这对于数学的严谨性和逻辑基础的发展都有巨大的影响。②几何学的发展。Hilbert 对几何学的贡献也非常重要。他发表了一系列的文章与著作，其中包括了 Hilbert 公理化几何的基础工作。他的这些研究将几何学问题进行公理化处理，进而引入抽象代数的思想，推动了数学的发展。③无穷的研究。Hilbert 的另一个贡献是在无穷的研究领域中。他研究了无穷集合的基本性质，并提出了著名的 Hilbert 无穷问题。他的这些工作对于数学的基础理论的研究与发展，特别是对现代数学非常重要。④代数学的发展。Hilbert 也是代数学领域的一位杰出人物，他的工作包括代数方程的研究和代数系统的建立，其中他提出了著名的 Hilbert 基本定理，这一定理成为现代代数学的基础之一。总之，Hilbert 对数学的发展作出了巨大的贡献，他的工作影响了数学的方方面面，他是 20 世纪最伟大的数学家之一。"①

上面的回答回顾了历史，列举了希尔伯特对科学的主要贡献。不得不承认，ChatGPT 至少了解希尔伯特对数学的贡献，在不知是人机对话的情形下，人们极可能认为答者是人。那么，ChatGPT 是否具有智能呢？

判断机器是否具有智能主要有三种意见。①Turing 观点。②计算机、人参加由主持人提问的智能实验，并尽可能地表明自己是"真正的人"。若人们分辨不出哪一个回答是人的，那么该计算机就具有智能。②Feigenbaum 观点。③只告诉机器做什么，而不告诉它如何做，若机器做成了这件事，则它具有智能。③Satosi Watanabe 观点。④若机器具有演绎与归纳能力，则它具有智能。

① 为真实反映 ChatGPT 的表现，本文对 ChatGPT 生成的文字未做修改。

② C. Shi, C. Huang and J. Wang, *Principle of Artificial Intelligence*, Qinghua University Press, 1993.

③ Satosi Watanabe, "Information-theoretical Aspects of Inductive and Deductive Inference", *IBM Journal of Research and Development*, Vol. 4, No. 2, 1960, pp. 208-231.

④ J. Weizenbaum, "ELIZA-A Computer Program for the Study of Natural Language Communication Between Man and Machine", *Communications of the ACM*, Vol. 9, No. 1, 1966, pp. 36-45.

显然，ChatGPT 符合 Turing 观点下的智能。从会话表层看，ChatGPT 具有 Turing 观点中阐述的智能，从会话的品质看，它是否具有 Watanabe 观点中阐述的智能呢，即是否具有演绎和归纳的能力？我们就此问题从三个角度对它进行了测试。

二 ChatGPT 的推理能力测试

（一）测试 1——用自然语言表达的推理

例 2 有关三段论的会话。

M："从逻辑看，'鸟会飞，鸵鸟是鸟，鸵鸟会飞'的推论是对的。"

C："从形式逻辑的角度看，'鸟会飞，鸵鸟是鸟，鸵鸟会飞'确实是一个符合逻辑的三段论结构。具体来说，它是由以下三个命题组成的：1. 所有鸟都会飞；2. 鸵鸟是鸟；3. 因此，鸵鸟会飞。"

"然而，这个三段论的前提 1 是不正确的，因为并不是所有的鸟都会飞。例如，有些鸟类，如企鹅和鸵鸟，就不会飞。因此，尽管从形式逻辑的角度看，这个三段论结构是正确的，但从实际事实的角度看，它是不正确的。"

评析：ChatGPT 理解三段论结构，也正确地指出了该推理的错误之处。然而，它是"从实际事实的角度"确认前提 1 不正确，而未从逻辑本身找原因。其实，"所有鸟都会飞"是通过归纳得到的结论，由于归纳论证的结果是或然的，即不是必然的真，所以"所有鸟都会飞"是一个假命题；又由于演绎论证需要满足保真性，故得到"鸵鸟会飞"的错误结论。

例 3 有关三段论的会话（续）。

M："'人都会死，苏格拉底是人，柏拉图会死，苏格拉底会死。'对吗？"

C："这个命题是正确的，它符合三段论的形式，也是一个经典的逻辑推理示例。具体来说，这个命题由三个命题组成：1. 所有人都会死；2. 苏格拉底是人；3. 柏拉图已经死了。"

"由这三个命题可以推出：苏格拉底也已经死了。"

评析：M 诱 C 犯错的阴谋得逞了。"柏拉图已经死了"是 C 犯错的关键点，因它是在无前提的情形下得出莫名其妙的结论。此外，从 C 的回应看，ChatGPT 似乎未区分命题和推理，它真正理解了命题吗？

例 4　有关基本术语"命题"的会话。

M："'明天会下雨'是逻辑命题吗？"

C："'明天会下雨'是一个陈述性命题，而不是一个逻辑命题。陈述性命题是指一个陈述句，可以被认为是真或假的陈述。逻辑命题则是指一个陈述句，可以被认为是真或假的陈述，并且这个陈述可以用来作为推理的基础。"

"在这个例子中，'明天会下雨'并没有提供足够的信息来进行推理，因此它并不是一个逻辑命题。逻辑命题需要提供足够的信息来进行推理，例如：'如果明天下雨，那么我会待在家里'。在这个例子中，'如果明天下雨'就是一个条件语句，可以作为推理的基础。"

评析：ChatGPT 直接给出了否定的回答，并进行了发挥。首先，它试图将命题分为陈述性命题和逻辑命题，但对它们有相同的描述，均为"是指一个陈述句，可以被认为是真或假的陈述"，只是认为"逻辑命题需要提供足够的信息来进行推理"。这也是给予 M 否定回答的理由。然而命题的典型描述如下：命题是能区分真假的陈述句。可见，不要求命题具有用于推理的足够的信息，故它对命题的理解至少是有误。其次，ChatGPT 给出一个命题的例子："如果明天下雨，那么我会待在家里。"这是一个蕴涵表达式（假言判断）的示例，而它却认为这是命题，是为解释它所描述的"逻辑命题"给出的例子。这是不正确的。如果依命题的经典描述看，该例中有两个命题，即"明天下雨"和"我会待在家里"。对 M 提出的问题的正确回答可以是这样："明天会下雨"不是命题，因为无法确定明天是否下雨，即无法确定"明天会下雨"的真假。

（二）测试 2——准符号推理

例 5　简单的符号推理。

M："'a 是 b，c 是 b，所以 a 是 c'对吗？"

C："不一定。这种逻辑称为'假言推理'或'前提推论'，它只在某些情况下成立。"

"如果 a 和 c 是相同的事物，那么这个命题就是正确的。例如，'约翰是一个人，玛丽也是一个人，所以约翰和玛丽都是人。'"

"然而，如果 a 和 c 不是同一个事物，那么这个命题就是错误的。例如，'狗是一种动物，凳子也是一种动物，所以狗和凳子是相同的东西'，这是明显不正确的。"

"因此，在使用假言推理时必须注意确保 a 和 c 是相同的事物。"

评析：ChatGPT 的响应是错误的。从 M 的行文看，在给出"a 是 b，c 是 b"条件后，问"a 是 c"是否正确。而 C 从"a 和 c 是相同的事物"和"a 和 c 不是同一个事物"去分析 M 提出的问题，并举两例解释它给出的结论。如它用"约翰是一个人，玛丽也是一个人，所以约翰和玛丽都是人"解释"在使用假言推理时必须注意确保 a 和 c 是相同的事物"。这是一个看似合理却明显是答非所问的回应，这也表明 ChatGPT 也许对自然语言理解不够透彻。从传统逻辑角度看，M 给出的是一个三段论结构，而且是一个典型的中项不周延的三段论。故正确的回答应是"不对"，并给出理由即可。

例 6　简单的符号推理（续）。

M："'若 a 是 b，则 b 是 a。'对吗？"

C："不一定。这个命题中包含了一个条件语句，即'如果 a 是 b'。因此，这个命题的真实性取决于 a 和 b 的关系。"

"在某些情况下，这个命题是正确的。例如，如果 a 和 b 是两个相当的数，则这个命题成立，因为在数学中，相等的数可以交换顺序。"

"但是，在其他情况下，这个命题是错误的。例如，'若狗是动物，则动物是狗'是错误的。"

"因此，要确定这个命题是否正确，需要考虑 a 和 b 之间的确切关系。"

评析：C 对"若 a 是 b，则 b 是 a"进行了精彩的分析，并给出了结论：它"是否正确，需要考虑 a 和 b 之间的确切关系"。从应用的角度看，C 的响应无懈可击。然而，从逻辑角度看，C 的响应违背了排中律，即在某些情况下，"若 a 是 b，则 b 是 a"是正确的，在另一些情况下，"若 a 是 b，则 b 是 a"又是错误的。逻辑特别是现代逻辑，采用符号的目的是力求达到一般性和最大可能的精确性，这样才可能对一个由符号表示的事物进行无歧义的描述。因此，从一般性看，"若 a 是 b，则 b 是 a"是错误的，C 给出的例子"若狗是动物，则动物是狗"也表明了这一点。需要指出，"是"的含义与"等于"不同，"等于"具有对称性质，而"是"则不一定。

（三）测试 3——基本问题讨论

例7 对"分类与概念关系"的讨论。

讨论进行了三个回合，第一回合如下。

M："如果分类是概念的基础，那么分类作为一个'概念'，它的基础是什么呢？"

C："作为一个概念，分类的基础可以被认为是人类对事物和对象的观察和分析的能力。分类是人类在面对世界中的复杂信息时，将相似的事物和对象进行整理和归类的过程。在这个过程中，人类会发现并提取相同或相似的特征，将它们组合在一起，然后给这个组合命名一个类别或分类。"

"分类也可以被视为一个认知工具，它可以帮助我们更好地理解和处理信息，并在我们的大脑中建立起类别和概念的结构。通过分类，我们可以更有效地组织和存储信息，并从复杂的信息中取出重要的部分。"

"因此，作为一个概念，分类的基础可以被看作是人类对世界的观察和分析的能力，以及这种能力在我们大脑中加工和整理过程。"

评析：C 对分类进行了描述，也对分类的基础进行了探讨。然而，它忽视了"如果分类是概念的基础"这个关键前提。这可能是因为它未理解问题，也可能是因为逻辑素养欠缺。

讨论的第二回合。

Ｍ："好像不对哦。如果分类是概念的基础，那么'分类'作为一个概念，它的基础仍然是'分类'！所以'分类是概念的基础'引出了恶性循环。"

Ｃ："非常抱歉，我的前一次回答可能存在误解。您所提出的观念是正确的，如果将分类视为概念的基础，则'分类'的基础仍然是分类本身，这将导致一个无限循环或恶性循环。"

"在这种情况下，我们可以将'分类'视为一种基本认识过程，它在我们的大脑中具有非常基础的地位。我们将事物和对象进行分类的能力是我们天生具备的，这种能力随着我们的生长和学习而不断发展和完善。"

"在这个意义上，'分类'不仅是概念的基础，也是我们认知能力的基础之一。虽然它自身也是一个概念，但它是我们对世界进行认知和理解的基础，而不仅仅是一个抽象的概念。"

评析：Ｃ在认识到它的"前一次回答可能存在误解"后，也表述"如果将分类视为概念的基础，则'分类'的基础仍然是分类本身，这将导致一个无限循环或恶性循环"。然而，它反复叙述分类是什么后，仍念念不忘分类"是概念的基础"。看来，它也许还未理解问题，也可能是顾及其他。

讨论的第三回合。

Ｍ："我觉得，概念的基础不应是分类，它来自感性的感觉、知觉、印象等。而概念是理性的，是感性认知的升华，是抽象的。相反，有了初始概念后，才可能分类；在分类过程中，可以完善概念。不知对否？"

Ｃ："您的观点是正确的。我非常赞同您的观点，感性的感觉、知觉、印象等是概念的基础，概念是通过对这些感性经验的整合、抽象和概括而形成。"

"在我们与世界的接触过程中，我们通过感官感受和感性经验来获得关于事物和对象的印象和知识，这是我们对世界进行认知和理解的基础。这些感性经验被整合和概括后，我们才能建立起抽象的概念，并对事物和对象进行分类和归类。"

"因此，可以说感性认知是概念的基础，而分类是从概念中衍生出来的一个认知过程。在分类过程中，我们可以不断完善和调整概念，以更好地反映我们对世界的认知和理解。"

评析：这一次，C 基本同意了 M 的观点，并进行了发挥——"感性认知是概念的基础，而分类是从概念中衍生出来的一个认知过程"，否定了分类是概念的基础这一观点。当然，"概念"是感性边缘的一个具有抽象性的原始术语，采用"概念源于感性认知"这一观点也许更合适。

（四）测试的小结

只从本节的目的，即判别 ChatGPT 是否具有推理能力，进行简单的小结。

（1）了解但不理解逻辑学的基本概论"命题"（见例4）；

（2）不了解演绎与归纳的基本特点（见例2）；

（3）了解三段论形式，但不能正确理解三段论的逻辑结构（见例3和例5）；

（4）能举例对符号推理进行分析，但未注意逻辑基本规律（见例6）；

（5）由于不了解感性与抽象性的特点，故认识不到原始术语及其特征（见例7）。

综上，ChatGPT 的逻辑知识欠缺，推理能力不强，不具备 Watanabe 意义上的智能。

结　语

首先，选载科技界近期对 ChatGPT 的评论，以加深对 ChatGPT 的整体认识。

（1）ChatGPT 撰写的论文动摇了科学进步所依赖的真实性基础。例如，近期出现一些文章将 ChatGPT 列为作者。面对现实，著名的 *Nature* 杂志和所有 Springer 旗下的自然科学刊物制定了两条原则：

a. 任何大型语言模型工具都不会被接受为研究论文的署名作者；

b. 使用 LLM 工具的研究人员应在致谢部分或用其他适当的方式记录这种使用。①

（2）ChatGPT 对高等教育也形成挑战。在实际层面，允许使用 LLM 工具将影响学位的评估结构；在专业行为层面，许多人都认为使用专业的 LLM 工具产生的文本与抄袭相当。②

（3）ChatGPT 的推理能力。2023 年 3 月 OpenAI 发布了 GPT-4，该公司的首席科学家 Ilya Sutskever 说，与 GPT-3 相比，新模型 GPT-4 "在许多方面都有相当大的改进"，但 "GPT 的推理能力还没有达到之前预期的水平"，并充满信心地认为，"如果更进一步扩大数据库，并保持商业运转模型，它的推理能力会进一步提高"。

目前，以 AlphaGo、AlphaStar 和 ChatGPT 为代表的人工神经网络成功应用的实例已掀起一波又一波的热浪。在人工智能研究，特别是在以人工神经网络为架构的深度学习、强化学习等方法中，人们已经应用了支持度、置信度等概念，但可能大多数人认为这只是与概率论有关，其实这与归纳逻辑密切相关。有人预言，人工智能的下一个热点是逻辑理论的发展和逻辑的实际应用。我们认为，归纳逻辑符号化是一项关键的基础研究，实现它可以丰富计算机表示，增强人工智能的应用基础。又由于逻辑学是基础学科，所以归纳逻辑符号化具有普遍意义。

① A. M. Turing, "Computing Machinery and Intelligence", *Mind*, Vol. 59, 1950, pp. 433-460.

② S. Milano, J. A. McGrane, S. Leonelli, "Large Language Models Challenge the Future of Higher Education", Nat Mach Intell（2023）, https://doi.org/10.1038/s42256-023-00644-2.

AI 的"逻辑推理能力"如何？[*]

—— 一项人机对比实验

姜海霞　魏　涛　杜国平^{**}

摘　要： 为探究 AI 的"逻辑推理能力"如何，采用自编的逻辑推理能力测验进行了人机对比实验。实验对比了 ChatGPT 和 180 名大学生在数字推理、类比推理和演绎推理上的表现。研究结果发现，就 Chat-GPT 自身来说，在数字推理方面的表现最好；在类比推理和演绎推理方面的平均答对率则分别接近和约等于猜测率。ChatGPT 在三种推理形式方面的平均总答对率均低于大学生。对 ChatGPT 的推理思路分析发现，它具备一定的逻辑推理能力，在一些回答上表现出了理解力、分析力和创造力，而在演绎推理的作答中存在一些黑箱难以解释。ChatGPT 面对涉及复杂语义关系的问题时难以给出严谨且符合逻辑的回答，存在较多的逻辑错误，它的推理是不稳定的。

关键词： AI　逻辑推理能力　生成式人工智能　ChatGPT　人机对比实验

---

* 本文系曲阜师范大学科研启动资金"人工智能的逻辑研究"（项目编号：20220093）和中国社会科学院哲学研究所创新工程项目"人工智能的逻辑与哲学研究"（项目编号：2023ZXSCXB03）的阶段性成果。

** 姜海霞，博士，曲阜师范大学马克思主义学院讲师，主要研究方向：应用逻辑与逻辑应用、日常推理、认知科学。魏涛，博士，山西农业大学马克思主义学院讲师，主要研究方向：哲学逻辑。杜国平（通讯作者），博士，中国社会科学院哲学研究所教授，中国逻辑学会会长，博士生导师，主要研究方向：现代逻辑及其应用。

一 问题的提出

关于机器智能的早期想法源于 20 世纪 40 至 50 年代，图灵（M. Turing）和冯·诺依曼（John von Neumann）等人提出了许多相关理论，比如，图灵使用不同方式测试"机器是否会思考"，并提出了著名的图灵测试。[①] 冯·诺依曼在图灵的思考和想法基础上提出了电子计算机的基本架构。这些前期的研究推动了"人工智能"这一概念的提出。[②] 在 1956 年夏天达特茅斯学院的学术研讨会上，约翰·麦卡锡（John McCarthy）在起草会议建议书时使用了"人工智能"（Artificial Intelligence，AI）一词。建议书指出，研讨会将探索这样一个假设：（人类）学习的每一个方面或智能的任何特征原则上都可以被精确描述，以至于可以用机器来模拟它。[③] 自此以后，人工智能（AI）作为一个研究领域受到研究者的重视。

依据达特茅斯会议提出的人工智能设想，人工智能的基本思路是使用机器模拟人类智能的特征。对于人工智能的讨论首先需要界定什么是"智能"。我国古代思想家一般将"智"与"能"看作两个相对独立的概念，智能是智力和能力的总称。《现代汉语词典》将"智能"定义为：①智谋与才能；②智力。在线牛津词典（Oxford Learner's Dictionaries）将"智能"（intelligence）定义为：有逻辑地针对某件事物进行学习、理解和思考，并有能力把这些事做好。《韦氏高阶英语词典》（*Merriam – Webster's Advanced Learner's English Dictionary*）将"智能"（intelligence）定义为：①学习、理解或处理新情况或困难情况的能力，即熟练使用推理的能力；②情报。将人

① M. Turing，"Computing machinery and intelligence"，*Mind*，1950，Vol. 49，pp. 433–460. 〔美〕约翰·麦卡锡、帕特里克·J. 海耶斯：《从人工智能的角度探讨一些哲学问题》，王爽、涂美奇、王晴译，《逻辑、智能与哲学》2022 年第 1 期，第 1~48 页。

② 万赟：《从图灵测试到深度学习：人工智能 60 年》，《科技导报》2016 年第 1 期，第 26~33 页。

③ J. McCarthy et al.，"A Proposal for the Dartmouth Summer Research Project on Artificial Intelligence"，*AI Mag*，Vol. 27，1955，p. 12.

工智能（Artificial Intelligence）定义为：计算机科学中使得机器模仿人类智能的一个研究领域；模仿人类智能的机器。

从以上定义可以看出，智能的核心是逻辑思维能力。"逻辑思维能力包括：澄清概念的能力、准确判断能力、严密推理能力、合理论证能力和辨识谬误能力。"① 而逻辑推理能力是逻辑思维能力的核心。逻辑推理能力主要包括演绎推理、归纳推理和类比推理。逻辑思维能力是人类智能的核心，是人类解决问题、进行创新发明最为基本的素养，是人们在学习、生活和工作中必备的核心能力之一。约翰·希尔勒（John Seale）提出了"强人工智能"（Strong AI）的概念，强人工智能也被称作"通用人工智能"（Artificial General Intelligence）。持"强人工智能"观点的学者认为，有可能制造出真正能推理和解决问题的人工智能，它们有知觉和自我意识，可以独立思考，有自己的世界观和价值观。强人工智能又分为类人的人工智能和非类人的人工智能。类人的人工智能是指机器的思考和推理像人的思维一样，非类人的人工智能则指机器产生了与人不同的知觉和意识，与人的推理方式不同。"弱人工智能"（Weak AI）这一概念是相对于"强人工智能"提出的，"弱人工智能"也被称作"专用人工智能"（Artificial Narrow Intelligence），"弱人工智能"不具备人类的完整认知能力，只用于专用领域，其能力在特定的领域可以超出人类能力。

人工智能的研究主要有两种进路：符号主义（Symbolism）和联结主义（Connectionism）。② 符号主义也被称为逻辑主义。符号主义者认为，知识可以使用一组规则表示，计算机程序可以使用逻辑来操纵这些知识。比如，符号主义先驱纽埃尔（Allen Newell）和西蒙（Herbert Simon）认为，如果一个系统有足够的结构、事实和前提，那么聚合的结果最终会产生通用智能（General Intelligence）。亚里士多德、莱布尼茨、布尔、弗雷格、罗素和希

---

① 杜国平：《逻辑思维能力的测量要素及其题型示例》，《中国考试》2018 年第 9 期，第 16~21 页。

② 张钹、朱军、苏航：《迈向第三代人工智能》，《中国科学：信息科学》2020 年第 9 期，第 1281~1302 页。

尔伯特等逻辑学家的思想成果中凝结了符号主义的主要思想：人类的任何思想，只要用自然语言可表达，均可使用一组符号无歧义地准确表达出来。[①]联结主义者则从人工神经网络的角度研究人工智能，该学派认为神经网络的学习过程最终是发生在神经元之间的突触部位，突触的联结强度随着突触前后神经元的活动而变化，变化的量与两个神经元的活性之和成正比。在这一思想的启发下，20 世纪 50 年代至 60 年代美国心理学家罗森布拉特（Frank Rosenblatt）提出了感知机模型（Perceptron Model）。[②] 此后的几十年间，人工智能研究经历了数次寒冬。直到 2000 年以后，随着互联网的蓬勃发展，大量的数据无处不在，深度学习、神经网络等研究等推动了人工智能领域的深入发展。2017 年阿尔法围棋（AlphaGo）成为第一个击败人类世界冠军围棋选手的人工智能机器。但是阿尔法围棋还只是基于一整套设定好的封闭的推理规则的人工智能，与人类复杂的智能相比，尚属于弱人工智能。

2022 年 11 月，美国 OpenAI 公司推出了 ChatGPT 智能聊天机器人，并开放向公众使用。这款聊天机器人一经推出就引发了各行各业的讨论，原因在于，这款机器人不仅"智商高"，而且"情商高"。[③] ChatGPT 是由人工智能技术驱动的自然语言处理工具，它能够通过学习和理解人类的语言来进行对话，根据聊天的上下文进行互动，像人类一样聊天交流。它可以完成多种任务，比如写邮件、视频脚本、编写文案和代码等。作为一种生成式人工智能（generative AI），ChatGPT 一方面高度依赖数据，生成的内容局限于在预训练中获得的数据，另一方面它又能根据不同的问题和场景给出具有"创

---

① 杜国平：《逻辑的引擎：人工智能的旧限度与新可能》，《文化纵横》2020 年第 1 期，第 58~66 页。

② F. Rosenblatt, "The Perceptron: A Probabilistic Model for Information Storage and Organization in the Brain", *Psychological Review*, 1958, Vol. 65, pp. 386-408.

③ 孙伟平：《人机之间的工作竞争：挑战与出路——从风靡全球的 ChatGPT 谈起》，《思想理论教育》2023 年第 3 期，第 41~47 页；王佑镁等：《ChatGPT 教育应用的伦理风险与规避进路》，《开放教育研究》2023 年第 2 期，第 26~35 页；吴砥、李环、陈旭：《人工智能通用大模型教育应用影响探析》，《开放教育研究》2023 年第 2 期，第 19~25 页；王树义、张庆薇：《ChatGPT 给科研工作者带来的机遇与挑战》，《图书馆论坛》2023 年第 3 期，第 109~118 页；郑东晓、蒋熠：《ChatGPT 推动教育数字化转型》，《中国社会科学报》2023 年 3 月 23 日，第 5 版。

造性"的回答。从能给出"创造性"的回答这一角度看，ChatGPT 似乎具备了自主的逻辑推理能力。但也有研究指出，ChatGPT 具有明显的局限性和缺陷，综合水平不及专家，缺乏基本的常识，会给出一些类似"一本正经胡说八道"的回答，需要谨慎对待其回答。[①] ChatGPT 智能水平如何？它的"逻辑推理能力"是否达到了强人工智能的水平？基于此，本文拟通过自编的逻辑推理测试对比 ChatGPT 与人类在逻辑推理方面上的表现。

二　实验设计

（一）实验材料

采用自编的逻辑推理能力测验，该测验包括归纳推理（20 题）、类比推理（20 题）和演绎推理（20 题）三部分，题目均为单项选择题。

归纳推理采用数字推理的形式，题目形式如下：

给你一个数列，但其中缺少一项，要求你仔细观察数列的排列规律，从 4 个选项中选择最合适的一项，使之符合原数列的排列规律。

1，3，5，7，9，11，（　）

A. 12　　　　　B. 13　　　　　C. 14　　　　　D. 15

类比推理的题目要求和形式如下：

先给出一对相关的词，要求你在备选答案中找出一对与之在逻辑关系上最为贴近或相似的词。

太阳系：地球：亚洲

A. 星球：月亮：卫星　　　　B. 昆虫：蚂蚁：工蚁

C. 联合国：英联邦：加拿大　　D. 中国：江苏省：淮安市

---

① 李帅：《ChatGPT：多维思考与审慎应用》，《中国社会科学报》2023 年 3 月 21 日，第 6 版；沈威：《ChatGPT：形成机理与问题应对》，《中国社会科学报》2023 年 3 月 7 日，第 7 版。

演绎推理的题目形式如下：

赵、李、孙三人是某大学研究室的教授、副教授和助教。可以确定的是：李尚未去过新校区南山校区；孙虽未去过南山校区，但是他曾经指导过助教；教授曾经在南山校区作了两场报告，均座无虚席。

由此可见：

A. 赵是教授，孙是副教授   B. 孙是教授，李是副教授

C. 李是教授，赵是副教授   D. 赵是教授，李是副教授

（二）实验过程

实验共有 180 名大学生参加。其中，女生 112 人，男生 68 人，平均年龄 18.8 岁。每位被试作答随机分配的一种推理形式的题目（20 道题），实验时间为 25 分钟。

采用 ChatGPT Mar 14 Version，将 60 道中文题目一一发送给 ChatGPT，要求其回答问题并给出分析过程。然后将所有题目翻译成英文，再测试 ChatGPT。每个问题生成 5 次答案，在大多数题目上 ChatGPT 都能采用不同的分析方法生成 5 次相同的答案（对 ChatGPT 的作答分析发现，在不同推理形式上生成答案的次数会影响 ChatGPT 的答对率。在数字推理部分，这一影响最小，生成 1 次与多次的答案基本都是一致的。而在演绎推理和类比推理部分，如果每道题只生成 1 次答案，正确率比生成多次的高。其中，演绎推理生成 1 次答案的答对率为 53%，生成多次答案的答对率则为 25%。由于每次 ChatGPT 的分析是不是随机的尚不可知，即多个用户同时将题目发送给 ChatGPT 是否能得到一致的分析尚不可知。为保证分析结果的稳定性以及对比的公平性，采用多次生成的方法。）当 ChatGPT 对问题的回答出现前后不一的现象时，增加 5 次生成答案的次数，因此，部分题 ChatGPT 生成了 10 次答案。为了确保不是因为问题表达造成 ChatGPT 理解有误，在发送数字推理和类比推理题时尝试了多种问法。

有研究指出，把 ChatGPT 当作一个人还是多个人的平均决定了我们在

设计实验时应该如何对待它。① 本文尝试了两种方法，第一种方法是将 Chat-GPT 看作一个人，每个问题生成 5 次答案，如果答案前后不一则再生成 5 次答案。在这 10 次作答中，采用 ChatGPT 生成答案中出现次数最多的一个作为其最终答案。如果在 10 次作答中，出现了 3 个以上不同的答案，则判定此题答错。经统计，ChatGPT 在数字推理部分的平均答对率为 84.58%，在类比推理部分的平均答对率为 31.51%，在演绎推理部分的平均答对率为 25.03%。

第二种方法是将 ChatGPT 的 10 次作答看作 10 个被试作答。基于对 ChatGPT 作答情况的分析以及人机对比分析的需要，下文的分析采用了将 ChatGPT 的作答结果看作多人的平均答对率，即 10 次的平均答对率。

三　实验结果

（一）大学生在三种推理形式题上的作答情况

对大学生的作答数据统计分析得到了大学生在三种推理形式题上的平均答对率。其中，在数字推理部分的平均答对率为 97.50%，在类比推理部分的平均答对率为 60.08%，在演绎推理部分的平均答对率为 49.75%。图 1 为大学生在三种推理形式各题上的平均答对率情况。

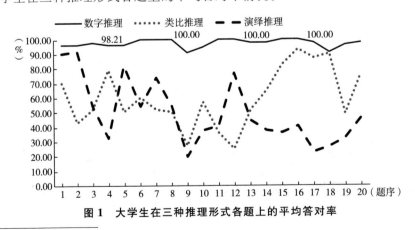

图 1　大学生在三种推理形式各题上的平均答对率

---

① R. Shiffrin , M. Mitchell , "Probing the Psychology of AI Models", *Proceedings of the National Academy of Sciences*, 2023, Vol. 120, No. 10, e2300963120.

（二） ChatGPT 在三种推理形式上的作答情况

经统计，ChatGPT 在数字推理部分的平均答对率为 84.58%，在类比推理部分的平均答对率为 31.51%，在演绎推理部分的平均答对率为 25.03%。图 2 为 ChatGPT 在三种推理形式各题上的平均答对率情况。

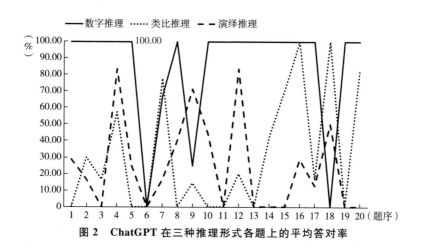

图 2　ChatGPT 在三种推理形式各题上的平均答对率

（三）大学生与 ChatGPT 在三种推理形式题上的平均答对率对比

根据表 1 可知，大学生在三种推理形式题上的总平均答对率为 69.11%，ChatGPT 的总平均答对率为 47.04%。在三种推理形式题目中，大学生的平均答对率都高于 ChatGPT。与在类比推理、演绎推理方面的表现相比，Chat-GPT 在数字推理方面的表现最好；在类比推理方面的表现次之，其答对率接近猜测率；在演绎推理方面的答对率约等于猜测率。

表 1　大学生与 ChatGPT 在三种推理形式题上的平均答对率

单位：%

	数字推理	类比推理	演绎推理	总平均答对率
大学生	97.50	60.08	49.75	69.11
ChatGPT	84.58	31.51	25.03	47.04

（四） ChatGPT 的作答分析

ChatGPT 是如何"推理"的？为什么它在数字推理题上的答对率接近大学生水平，而在其他两种推理形式题目上的答对率接近和约等于猜测率？它的逻辑推理具有哪些特征？以下将具体分析 ChatGPT 在三种推理形式题上的表现。

1. **数字推理**

ChatGPT 在数字推理题上的答对率为 84.58%，在答对的题目中它都找出了数列的规律，给出了严谨的分析，而且在生成多次答案时能保证一致的结果。可以看出它的数字推理能力较强。而在答错的 4 道题中出现了找不出数列规律、多次生成答案不一等情况。以下将具体分析其中的两题。

题一要求选出符合数列"3，4，12，48，576，（ ）"排列规律的选项。

在这道题中，ChatGPT 第一次作答指出没有发现规律，第二次它给出的答案是"9216"，指出规律为"$3 * 4 * 0$，$3 * 4 * 1$，$3 * 4 * 1$，$12 * 4 * 1$，$48 * 4 * 2$，$576 * 4 * 3 = 9216$"[①]。其他几次回答也没有找出合理的规律。

题二要求选出符合数列"2，9，28，65，126，（ ），344"排列规律的选项。

这道题 ChatGPT 第一次作答选出了正确答案，但是分析是错误的："这个数列的规律为：每一项都是前一项的平方再加上 1，即 $a\_n = a\_{n-1}^2 + 1$。因此，$a\_6 = a\_5^2 + 1 = 126^2 + 1 = 15877$，选项中最接近 15877 的是选项 B，所以答案为 B. 217。"接下来四次作答都给出了答案：209。它的分析如下：

> 该数列没有遵循常见的等差或等比序列规律，但我们可以通过找到序列中连续项之间的差异来找到规律：
>
> 9 与 2 的差是 7；

---

① 为真实反映 ChatGPT 的作答情况，本文未对 ChatGPT 生成的文字做修改。

28 与 9 的差是 19；

65 与 28 的差是 37；

126 与 65 的差是 61。

注意到这些差是连续的奇数：7、19、37、61。因此，为了找到缺失的数字，我们需要将最后一个数字 126 加上下一个奇数 83：126 + 83 = 209，因此，填补数列中的空缺的数字为 209。因此，正确的答案不在所给的选项中。

这个分析中"连续的奇数：7、19、37、61"毫无规律可言，如果不仔细分析其中的细节和逻辑或者是没有相关知识经验的人，很容易被 ChatGPT 这番"头头是道"的分析欺骗。其他两道题答错也是因为其没有找出严谨的数列规律。

2. 类比推理

ChatGPT 在类比推理题上的答对率仅为 31.51%。以下分析 ChatGPT 生成答案稳定且正确的题目和稳定地答错的几道题目以探究 ChatGPT 是如何进行类比推理的。

首先，ChatGPT 对以下几题的回答答案稳定一致且正确（由于篇幅原因，以下只挑选 3 道题进行分析）。

题一：农民对（ ） 相当于教师对（ ）

A. 农村—城市 　　　　　　B. 田野—教室

C. 镰刀—教案 　　　　　　D. 麦子—学生

ChatGPT 分析 1："该问题通过对比农民和教师之间的关系来比喻两个不同的概念之间的关系。农民的工作场所是田野，而教师的工作场所是教室，因此农民对田野的关系相当于教师对教室的关系。而选项 A 中的'农村—城市'是两个地理概念，不适合用来比喻职业关系；选项 C 中的'镰刀—教案'以及选项 D 中的'麦子—学生'都只是农民和教师所使用的工具或者资源，不能准确地反映他们之间的关系。"

ChatGPT 分析 2："这个类比是在比较两个职业中的工作场所。农民在田野工作，而教师在教室里工作。因此，与农民相对应的是在城市中工作的人，而与教师相对应的是在教室中工作的人。所以正确的答案是'B. 田野—教室'。"

由上述分析可见，ChatGPT 对这个类比关系是从职业场所和职业关系这个主题进行分析的，农民和教师的工作场所分别为田野和教室。它的分析没有体现出词语之间的逻辑关系。比如，在"农民对农村"和"教师对城市"这一对关系中，农民在农村工作，而教师可能在农村工作也可能在城市工作，是交叉关系。

题二：教师对（　）相当于师父对（　）

A. 学生—徒弟　　　　　　　　B. 教室—车间

C. 粉笔—图纸　　　　　　　　D. 知识—技术

ChatGPT 分析 1："在中国文化中，'教师'通常与'学生'相对应，'师父'通常与'徒弟'相对应。因此，选项 A 是正确的答案。选项 B、C、D 与题目中的关系不匹配。"

ChatGPT 分析 2："在中国传统文化中，教师与师父都具有传道授业解惑的职责，而学生与徒弟都是接受教育与培养的人群。因此，教师与学生的关系可以类比于师父与徒弟的关系。"

ChatGPT 从中国传统文化的角度分析了教师、师父、学生和徒弟之间的关系。这一分析表现出了它的理解力和创造力，但是没有给出对其他几个选项的分析。大学生此题的答对率为 93.65%，此题的类比关系比较简单。

题三：床单对（　）相当于窗帘对（　）

A. 被子—玻璃　　　　　　　　B. 棉—麻

C. 壁橱—衣柜　　　　　　　　D. 床—窗

ChatGPT 分析 1："根据常识和语境推断，应该选'D. 床—窗'。床单是用来盖在床上的，而窗帘是用来挂在窗户上的，二者都是家居生活中常见的布制品。因此，床单和床的关系类似于窗帘和窗户的关系。选项中只有 D 符合这个关系，因此 D 是正确答案。"

ChatGPT 分析 2："床单是用来覆盖床铺的，窗帘是用来遮挡窗户的。

因此，床单与床的关系类似于窗帘与窗户的关系。选项 D 中的床与窗也是具有类似的关系。根据语义逻辑推断，床单和窗帘在功能上都与遮挡和保护有关，因此正确的答案应该是 D。"

此题的难度较低，大学生此题的答对率为 90.48%，其他几个选项与题干的类比关系也较弱。ChatGPT 的分析基于常识和床单与窗帘的功用。

ChatGPT 稳定地答错的题目如下。

题一：扇子对（ ）相当于算盘对（ ）

A. 空调—电脑   B. 蚊帐—罗盘

C. 盛夏—会计   D. 芭蕉扇—算盘珠

ChatGPT 分析 1："这个类比是在比喻扇子和算盘，扇子对于夏天的舒适度相当于算盘对于计算的重要性。其中，芭蕉扇是一种常见的夏天用来扇风降温的工具，而算盘珠是算盘上用来计数的小珠子。其他选项中，没有类似的相关性。答案是'D. 芭蕉扇—算盘珠'。"

ChatGPT 分析 2："这是一个类比题，要求找出两个物品之间类比关系的相似点。在这个问题中，扇子和算盘是两个不同的物品，因此需要找到它们之间的类比关系。扇子是用来解暑或引起微风的工具，而算盘是一种计算工具。因此，扇子和算盘之间没有直接的功能类比关系。然而，扇子和算盘都是由两个主要部分组成的：芭蕉扇和算盘珠。因此，答案选'D. 芭蕉扇—算盘珠'。"

ChatGPT 在分析 1 中从两个物品的功能角度进行了分析，在第一个分析中指出算盘珠用来计数，但是它并不是算盘。而分析 2 指出两者没有直接的功能类比，"芭蕉扇是扇子的组成部分"，这一判断是错误的。从逻辑的角度分析，D 选项，扇子与芭蕉扇是属种关系，具有相同的整体属性，而算盘与算盘珠是整体与部分的关系，算盘珠是算盘的组成部分之一，不具备算盘的整体属性。

题二：偶数：整数：有理数

A. 螳螂：昆虫：动物   B. 质数：奇数：实数

C. 宋词：诗歌：艺术   D. 物理：化学：科学

ChatGPT 分析 1："在这个词语关系中，偶数是指能被 2 整除的数字，整数是指没有小数部分的数字，而有理数则是指可以表示为两个整数之比的数字。因此，这个逻辑关系是：数字的性质和定义之间的关系。根据这个逻辑关系，我们可以找到一个在逻辑关系上最为贴近或相似的词对，即选项 B 中的质数、奇数和实数。它们都是关于数字的性质和定义的概念，质数和奇数是两种不同的数字类型，实数则是包含所有数字类型的一个范畴，因此它们之间存在一定的逻辑关系。"

ChatGPT 分析 2："数、整数、有理数都是数学中的概念，其中偶数是能被 2 整除的整数，整数是包括正整数、负整数和 0 的集合，有理数是可以表示为两个整数之比的数。这三者之间并没有特定的包含关系或者联系。而选项 B 中，质数是只能被 1 和自身整除的正整数，奇数是不能被 2 整除的整数，实数是包括有理数和无理数的集合。质数是奇数的一种特殊情况，而奇数和实数之间也没有特定的包含关系或联系。因此，选项 B 中的三者之间存在一定的关系，符合题目要求。"

在分析 1 中，ChatGPT 将题干的逻辑关系看作数字的性质和定义之间的关系。分析 2 指出数、整数、有理数没有特定的联系，而后面指出质数：奇数：实数有一定的关系，但没有确定的关系。即使没有有说服力的类比关系，它仍然认定 B 选项为正确答案，且没有对其他几个选项进行分析。大学生本题的答对率为 52.38%，此题具有一定的难度。此题的正确答案为 A 选项，题干中偶数与整数为真包含于关系，整数与有理数为真包含于关系。A 选项中的螳螂、昆虫和动物也符合此关系。

由以上 ChatGPT 对各个词项类比关系的分析可以发现，它只是对词语的表面特征（surface feature）进行分析，似乎无法深入理解逻辑意义上的类比关系。有些较为简单的题目可以根据表层结构进行分析，而面对复杂的语义关系，ChatGPT 的分析结果并不令人满意。

3. 演绎推理

ChatGPT 在演绎推理题目上的答对率为 25.03%，约等于猜测率。限于篇幅，仅以下题为例具体分析 ChatGPT 的作答思路。ChatGPT 答对的题目，以下题为例。

　　赵、李、孙三人是某大学研究室的教授、副教授和助教。可以确定的是：李尚未去过新校区南山校区；孙虽未去过南山校区，但是他曾经指导过助教；教授曾经在南山校区作了两场报告，均座无虚席。

　　由此可见：

　　A. 赵是教授，孙是副教授　　　B. 孙是教授，李是副教授

　　C. 李是教授，赵是副教授　　　D. 赵是教授，李是副教授

ChatGPT 分析 1：

　　根据题意，我们可以得到以下三条信息：

　　1. 李尚未去过南山校区；

　　2. 孙虽未去过南山校区，但是他曾经指导过助教；

　　3. 教授曾经在南山校区作了两场报告，均座无虚席。

　　根据第 3 条信息，可以确定赵是教授。因为如果孙或者李是教授，那么教授就有可能是副教授或者助教，不符合第 3 条信息。所以，赵必须是教授。根据第 2 条信息，可以确定孙不是教授。因为如果孙是教授，那么他就不可能指导助教了，与第 2 条信息矛盾。所以，孙必须是副教授或者助教。根据第 1 条信息，可以确定李不是教授。因为如果李是教授，那么他就必须去过南山校区，与第 1 条信息矛盾。所以，李必须是副教授或者助教。综上，我们可以得到结论：赵是教授，孙是副教授，李是助教。

ChatGPT 分析 2：

　　根据已知信息，可以得出以下结论：

　　1. 李不是教授，因为他尚未去过南山校区，而教授曾经在南山校区作了两场报告，座无虚席。2. 孙不是教授，因为他是助教的指导老师，如果他是教授，那么他不能指导自己。3. 赵是教授，因为他在南

山校区作了两场报告，座无虚席，并且根据前面得出的结论，他也不可能是副教授或助教。因此，孙是副教授，李是助教。

在分析 1 中，ChatGPT 在教授人选的分析中论据充分，但是它没有分析副教授为什么是孙。分析 2 中的结论 2，即孙如果是教授无法指导自己明显是错误的，分析 2 同样没有给出孙是副教授的原因。据此可以得出：ChatG-PT 具有一定的演绎推理能力，可以得出"赵是教授"这一结论，同时它的演绎推理能力是不完善的，对于"孙是副教授"这一结论缺乏论证。至于为什么能选出正确答案，这犹如"黑箱"尚待解答。ChatGPT 在其他演绎推理题目上的作答也和对本题的解答类似，在论证分析时存在细节性的错误或者缺乏证据，不仔细分析其中的逻辑漏洞，则会被其"有理有据"的分析欺骗。

对 ChatGPT 对以上三类推理形式题目的作答思路分析发现，首先，ChatGPT 对数字推理题的分析最为严谨，正确率也最高，原因可能在于数字推理（数列关系）具有封闭的推理规则，可以更容易地用规则表示以供计算机识别；其次，ChatGPT 对类比推理和演绎推理题的分析存在较多的逻辑错误，对于语义分析更多是从词语的表面特征进行分析，难以对复杂的语义关系做出严谨的分析。

四　结论及启示

本研究采用了两种分析方法对比了 ChatGPT 与大学生在数字推理、类比推理和演绎推理题目上的作答表现。在第一种方法中，将 ChatGPT 看作一个人，计算了其回答三类推理题的准确率。结果表明：ChatGPT 在数字推理题上的答对率为 84.58%；在类比推理和演绎推理题上的答对率分别为 31.51% 和 25.03%，接近和约等于猜测率。这一分析结果是基于 ChatGPT 对答案多次生成并选取出现次数最多的答案。在前期的研究中发现，ChatGPT 生成一次答案的答对率高于生成多次，有可能是其算法将多次生成答案理解为：前一次答案有可能不对，需要对答案进行修正。但是对于数字推理题尤其是寻找数列规律类的题目，其能给出较为一致的答案。

限于时间和精力以及出于人机对比的需要，本文对于人工智能答题情况的分析采用了以上两种方法。如果单从 ChatGPT 的逻辑推理能力来看，它在一些题目上虽然生成错误答案的次数较多，但有一次能够生成正确答案也应该看作其推理能力的体现，只是这一推理能力并不稳定。第二种方法将 ChatGPT 多次给出的作答结果看作多人给出的作答结果，计算其在一个题目上生成 10 次答案的平均答对率。结果表明，ChatGPT 在数字推理题上的答对率为 84.58%；在类比推理和演绎推理题上的答对率分别为 31.51% 和 25.03%，接近和约等于猜测率。OpenAI 的创始人在采访中指出，"从 Chat-GPT 开始，AI 出现了推理能力，但是没人能解读这种能力。GPT-4 已经出现了我们无法解释的推理能力。这一系统根据某些定义，它可以进行某种推理，就连 OpenAI 的团队也没搞懂它是如何进化的"。①

根据实验结果，我们可以判断 ChatGPT 具有一定的逻辑推理能力，在一些回答上表现出了理解力、分析力和创造力。同时，在推理时存在一些黑箱难以解释。当题目涉及复杂的语义关系时，ChatGPT 难以给出严谨且符合逻辑的回答，存在较多的逻辑错误，它的推理是不稳定的。ChatGPT 在一些答错的题目分析中表现出"有理有据""头头是道"的假象，对于有些题目甚至给出了图表分析，对于没有相关知识经验和判断力的受众具有"欺骗性"。人们在与 ChatGPT 互动聊天时，需要对其回答的准确性保持警惕和判断力。当前，ChatGPT 可以作为人们学习和工作的辅助工具，但是其给出的结论的准确性和可靠性仍需要由受众自己判断。当然，ChatGPT 会根据人类的提问以及人类知识的增加而不断更新和完善，其逻辑推理能力在未来会得到更大的提升。

正如 ChatGPT 对自己逻辑推理能力的评价所言："作为一个人工智能模

---

① 《GPT-4 老板：AI 可能会杀死人类，已经出现我们无法解释的推理能力》，https://baijia-hao.baidu.com/s? id=1761584934800963404。

型，我的回答是基于先前被输入和训练的数据和算法，以及目前的上下文理解而生成的。有时候，我的回答可能是不准确的，也可能会出现相反的答案，这可能是由于以下原因。（1）数据源的不确定性：我的训练数据来自于大量的文本和信息，有时这些信息并不准确或存在矛盾。如果我的回答与这些数据不一致，那么可能会出现相反的答案。（2）理解上下文的不足：我的算法可以理解上下文，但是有时候可能会存在误解或解读不当的情况，从而导致相反的答案。（3）技术限制：尽管我是一个经过训练的人工智能模型，但是我仍然存在一些技术上的限制，这可能会导致我的回答有时不准确或出现相反的答案。（4）总之，我的回答并不是绝对准确的，而是基于已知的信息和算法生成的。如果您对我的回答有任何疑问或发现错误，请随时指出，我会尽力改进和纠正。"ChatGPT 在通用人工智能领域迈出了重要且坚实的一步，其智能算法仍需进一步改进。

尽管当前 ChatGPT 在逻辑推理时存在不稳定和分析错误较多的情况，它对一些行业仍产生了较大的影响和冲击。比如在教育领域有学者讨论人类教师是否会被 AI 取代，AI 可能会助长学术造假风气、传播错误信息等；在科研领域，有学者担心学术诚信问题。同时，ChatGPT 的出现也为各个领域带来了转型升级的机遇，人工智能可以完成劳动力密集以及重复性的工作，使人们有更多的时间和精力从事更具创新性的工作。

可能性情态动词模糊语义翻译研究

何　霞[*]

摘　要： 英汉可能性情态动词"might""may""should""must"，"也许""大概""应该""想必"等在表示可能性语义上呈现出模糊性的特点和明显的量级分布。本文根据可能的模糊语义，为英汉可能性情态动词进行了量值分析，并利用度量模糊语义的工具——中介真值程度的度量（MMTD）对其模糊值进行了计算。利用计算的结果，寻求译文与原文的最近语义距离，以此达到语义上的"对等"，并据此形成可能性情态动词模糊语义小词典。在此基础上，通过实例分析研究了英语可能性情态动词的汉译情况。

关键词： 模糊语义　可能性情态动词　量化　汉译

引　言

韩礼德（M. A. K. Halliday）和麦蒂森（M. I. M. Matthiessen）指出，情态是说话者的一种视角，主要涉及说些什么及该说什么，其中包括可能性、意愿性等类型。[①] 英语传统语法认为，情态主要由情态动词（modal verbs）

　＊　何霞，博士，淮阴工学院副教授，主要研究方向：语言逻辑与翻译。
　①　M. A. K. Halliday , M. I. M. Matthiessen , *Construing Experience Through Meaning*, Cassell, 1999.

体现。情态动词用在行为动词前，表示说话人对这一动作或状态的看法或主观设想，用来表示可能性、能力、许可等情态。可能性（probability）是情态化的一种，表示命题为真的可能性（how likely it is to be true）。帕尔默（Palmer）把英语可能性情态动词分为推测性用法和非推测性用法（epistemic and non-epistemic uses）（可能性和非可能性——笔者注）。[1] 其中，英语可能性用法的情态动词包括 might、may、should/shall/ought to、will、would、could、must、can。汉语中也有可能性情态的论述。沈家煊认为认识是说话人对命题真实与否的主观判断，这一判断包括肯定和推断两类，这里的推断是对命题真假的估计预测。[2] 汉语中表可能性的情态动词包括"也许""大概""应该""想必"等。由此可见，可能性情态动词在英语和汉语中普遍存在。

从可能性语义的角度出发，我们首先认为"可能"的语义是可判断的。可能性情态的本质是表示命题为真的可能性，对命题真假的估计预测是对命题真假的判断。说话人对命题真与否的主观判断，是一种推断，推断的内容可以是或然的或者必然的，推断的结果是肯定的（T）或否定的（F）。同时，"可能"的语义是模糊的。我们很难精确判断某种事情或某个事物存在的可能性有多大。例如，"He must be much happier now"（他现在一定快乐多了），"There is a fine sunset, it should be a fine day tomorrow"（今天有晚霞，明天应该是个好天气），"You might have caught a cold"（你可能感冒了）。这些情态动词 must、should、might，一定、应该、可能表示可能的程度大小、强烈与否，都是不确定的、模糊的。从语义的逻辑判断结果来看，我们很难简单地用 T 或 F 的二值逻辑来表示。事实上，对与生俱来的语言的不确定语义（模糊的）的处理往往采用三值逻辑更为有效。即在二值逻辑真值（T 或 F）的基础上，将"可能"的模糊语义区间视为语义"真"与"假"之间的过渡，对其定性的判断为非真非假（﹁T 和﹁F）。

---

[1]　F. R. Palmer，*The English Verb*, Longman, 1974.

[2]　沈家煊：《语言的"主观性"和"主观化"》，《外语教学与研究》2001 年第 4 期，第 268 页。

因此，本文首先分析可能性情态动词模糊语义的量化特征，在对可能性情态动词的模糊语义进行逻辑真值定性的基础上，采用模糊语义逻辑量化工具——中介真值程度的度量（MMTD）计算可能性情态动词的模糊值，并在此基础上进行可能性情态动词的汉译研究。

一 可能性情态动词模糊语义的量化特征

（一）定性分析：可能性情态动词的量值等级

韩礼德认为，可能性情态表达的是可能性程度"高"（正）或"低"（反），即正反两极之间的程度，必须有量值来表示这种程度。[①] 他将量值主要区分为高（certain）、中（probable）、低（possible）三种。情态操作词（情态动词——笔者注）包括三类量值等级：高值（must 等）、中值（will、would、should 等）、低值（may、might、can、could 等）。同样，我们根据语义将汉语表示可能性意义的词进行类似划分，可得到汉语可能性情态动词的量值等级：高值（一定、必定等）、中值：（可能、大概等）、低值（也许、或许等）。英汉情态动词量级划分见表1。

表 1 英汉情态动词量级划分

	英语	汉语
高值	must	准、一定、定、必定、必然、势必
中值	will、would、should	应该、会、能、要、可以、得
低值	may、might、can、could	说不定、也许、没准儿、兴许、大约、大概、恐怕、或许、也许

通过对可能性情态动词的三类量值等级划分，我们对"可能"的语义进行了逻辑定性分析和判断，从而从形式上对应了三值逻辑的三值——"真"、"假"、"非真非假"（中介过渡）。但与此同时，我们可以看出，量

---

① M. A. K. Halliday，*Introduction to Functional Grammar*, Edward Arnold, 1994.

值区间内往往包含多个词，我们会考虑其语义程度（可能程度）是否还可以进行细分。每一个词的可能性语义程度若能细分，即得到其可能性语义"值"，翻译时就能找到更为直接的一一对应的方法。接下来，我们在对可能性情态动词的模糊语义进行分析的基础上，运用模糊语义量化工具 MMTD 对其模糊值进行定量计算。

（二）定量分析："可能"的模糊语义

自然语言中模糊性词语是指具有外延界限无法确定的性质的词语，即两个词语之间的语义范围是没有精确分界点的。[①] 情态赋值理论表明，情态不是截然分开的概念，而是一个连续体（continuum）。事实上，"probability/可能"的语义是模糊的，因为"可能"与"不可能"、"确定"边界不清。比如我们无法直接判断处于低值的 may 和处于中值的 should 以及处于中值的 will 和处于高值的 must 在什么时候发生了值的区间的更替。另外，一个量级区间中的词可能性也有程度的高低，比如处于中值区间的词 will、would、shall、should 之间可能性程度高低不同等。因此，我们首先需要研究在"可能性"这个语义域里每一个词的语义。

根据英国语言学家利奇（G. Leech）的研究，must 表示揣测，语气非常肯定，是表示揣测的情态动词中语气最肯定的一个。[②] will 在猜测性用法中，其意义似乎稍弱于 must，但总的来说差别不大，二者经常可以互换。would 表示猜测意义时，其含义和 will 基本相同，只是用 would 比用 will 时说话者感到稍迟疑一点，不肯定的意味稍强一些。should 表示"揣想"时，指"非常可能"。can 也表示可能性，但仅表示可能（possible），不表示很有可能（probable）。could 和 can 在表示可能时在时间上没有差别，但 could 更加委婉一些，所表示的可能性程度更弱一些。may 表示的可能性就更弱了。might 用作推测也不是 may 的过去式，它和 may 表示的时间是一样的，但比

---

① 苗东升：《模糊学导引》，中国人民大学出版社，1987，第 24 页。

② G. Leech, *Meaning and the English Verb*, Longman Group United Kingdom, 1971.

may 表示的可能性更小一些，语气也更轻一些，实际上是"不大可能"的意思。克劳狄（Rivière Claude）就 must、should、may、might 等的可能性程度趋势进行了数轴表示，数轴显示 must、should、may、might 的可能性程度是逐渐递减的。[①]

在此基础上，本文根据英文词典释义[②]考察词的语义，并结合上述前人研究对词的可能性程度高低排序，并综合二者分析"可能性"语义域里语义确信度高低情况以及情态趋势。英文可能性情态动词的语义分析如表 2 所示。

表 2　英文可能性情态动词的描述与分析

词	词典释义	语义	情态趋势
must	used to say you think something is very likely to be true or very likely to have happened	可能性极大	
will	used to show what is very possible	可能性特别大	
would	You use "would" when you are referring to the result or effect of a possible situation	可能性很大	
should	You use "should" when you are saying that something is probably the case or will probably happen in the way you are describing	可能性不大不小	
can	used to say that something is possible	可能性有点小	
could	used to say that something is possible or might happen	可能性很小	
may	if something may happen or may be true, there is a possibility that it will happen or be true but this is not certain	可能性特别小	
might	if something might happen or might be true, there is a possibility that it may happen or may be true, but you are not at all certain	可能性极小	

汉语中表示可能性情态的词包括情态动词和情态副词。鉴于汉语中表示可能性的词的数目较多，根据词典释义，其中存在语义程度相同的词语，故不对所有词语一一进行语义程度度量。本文对可能性词进行约减，仅选取其中人们常用的词对其真值程度进行分析，即"也许、说不定、大概、可能、应该、想必、一定"。我们认为这七个词的语义程度与部分词语的语义程度相当，它们可以代替其他词语进行真值程度的度量。本文认为汉语中相同语

---

① R. Claude , "Is Should a Weaker Must?", *Journal of Linguistics*, Vol. 17, No. 2, 1981, pp. 179-195.

② 本文英文词典释义查阅网站为：http://www.idoceonline.com 和 http://www.collinsdiction-ary.com。

义程度词语的对应情况如表3所示。

表3 汉语中可能性语义程度相同的词列示

也许	或许、许、或、兴许
说不定	不定、没准儿
大概	大约、甚或、或者、不定、恐怕、恐、怕
可能	好像、仿佛、似乎、好似
应该	该、多半
想必	敢、别、别是、想来
一定	定、准、必定、该、应该、势必、必然

对代表汉语可能性不同程度的七个词的语义分析中，李琪琨等认为"一定"的推测度为100%，"想必"的推测度大于50%小于100%，"可能"的推测度为50%，"大概"的推测度大于0小于等于50%，"也许"的推测度大于0小于50%，"说不定"的推测度大于0小于50%。[1] 张大雁认为，由于"大约、大概、恐怕"表示猜测时具有一定的客观理据性，所以说话人猜测时往往带有一定的肯定倾向，而"也许、或许"表示猜测时主观性较强，说话人往往对于猜测结果没有把握。[2] 即"也许、或许"介于肯定和否定之间，"大约、大概、恐怕"肯定大于否定，前者确信度要低于后者。薄路萍认为，语气副词"说不定""也许"都带有表示可能性的推测，在猜测的时候也都给予一定的依据，表示说话人有一定倾向性的猜测，但它们的语义确信度不同。[3]

其中"说不定"依据的多是客观事理词义，词义更倾向于客观和肯定，语义的确信度比较大，而"也许"依据的多是主观判断，则表示的是介于

---

[1] 李琪琨、龙涛：《初探汉语"推测"的表达——以部分情态动词和语气副词为例》，《海南广播电视大学学报》2017年第4期，第18~25页。

[2] 张大雁：《现代汉语或然类语气副词比较研究》，硕士学位论文，华侨大学，2017，第50页。

[3] 薄路萍：《语气副词"说不定"、"也许"的共时分析》，《铜仁学院学报》2015年第6期，第100页。

肯定与否定之间的一种概率，即信疑参半。笔者认为，"应该"这个词表推测，既在主观上趋向于"是""肯定"的意思，又在客观上表示出"不确定"的态度。一般来讲，"应该"要比"可能"在态度上更加明朗一些，但又带有一定的怀疑。本文综合中文词典释义①和上述前人研究对汉语可能性情态动词的可能性程度高低进行排序，并综合二者分析"可能性"语义域里语义确信度高低情况及情态趋势。中文可能性情态动词的模糊语义分析如表 4 所示。

表 4　中文可能性情态动词的描述与分析

词	词典释义	语义	情态趋势
一定	表示对某种情况的确切估计或推断	可能性极大	
想必	表示偏于肯定的推断	可能性特别大	
应该	表示推测，说话本人对现象的认知具有不确定性	可能性很大	
可能	表示估计，不很确定	可能性不大不小	
大概	表示对情况、时间、数量等不十分肯定的推测或估计	可能性有点小	
说不定	表示说话人对某一情况确定不移	可能性很小	
也许	表示猜测、估计，或不能肯定的语气	可能性特别小	

二　可能性情态动词模糊语义的度量

（一）基于 MMTD 的可能性情态动词模糊语义的度量函数

中介真值程度的度量是对模糊现象进行定量计算的一种方法。② 该方法的主要特点是采用逻辑真值定性与数据数值定量有机结合的方式处理模糊现象，描述一般应用数值化后的数值区域与其对应谓词的真值之间的关系，并

---

① 本文中中文的词典释义来自北京大学中文系 1955、1957 级语言班编《现代汉语虚词例释》，商务印书馆，1982；《现代汉语词典》（第 7 版），商务印书馆，2016。

② 洪龙、肖奚安、朱梧槚：《中介真值程度的度量及其应用》（I），《计算机学报》2006 年第 12 期，第 2187 页。

建立逻辑真值程度的数值度量，旨在为处理模糊现象提供一种基于逻辑的、自然的定量形式的数值化方法。情态动词属于动词，本文基于 MMTD 动词的模糊语义度量函数给出情态动词模糊语义的度量函数。

对表示可能性情态动词的模糊语义进行度量的依据和标准是该类动词所代表的可能性范畴的语义区别。使用"大"这一谓词表示可能性程度高的情态动词，使用"小"这一谓词来表示可能性程度低的情态动词，这时"大"与"小"之间存在非大非小的、中介过渡的可能性情态动词。设动词一元谓词 B（x）表示"x 是可能性大的"。如果 B（x）为 T，那么$\urcorner$ B（x）为 F，即"x 是可能性小的"；~B（x）为 M，即"x 是可能性非大非小的"。在值域为［0，1］的 f 中，设 f_v（x）为可能性情态动词模糊语义的度量表示，那么它与动词一元谓词的合适公式的对应关系如图1所示。

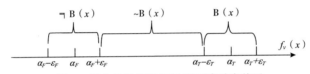

图1 情态动词谓词与数值区域对应关系

定义。给定可能性情态动词的集合 V。对于任意 $x \in$ V，如果存在 f_v（x），那么相对于谓词 B 的真值程度度量函数为：

$$h_T[f_v(x)] = \begin{cases} 0 & \urcorner \text{ B} \\ \dfrac{d[f_a(x),\ \alpha_F + \varepsilon_F]}{d(\alpha_T - \varepsilon_T,\ \alpha_F + \varepsilon_F)} & \sim \text{ B} \\ 1 & \text{B} \end{cases} \quad (1)$$

（二）基于 MMTD 的可能性情态动词模糊语义的度量

根据表2英文可能性情态动词的模糊语义分析，设英文可能性情态动词的有序集合 V＝{might，may，could，can，should，would，will，must}。以可能性大小程度建立该类动词模糊语义的赋值表示 f_v（x），其赋值情况如表5所示。

表 5 英文可能性情态动词的可能性程度赋值

x	might	may	could	can	should	would	will	must
$f_v(x)$	0	0.2	0.4	0.6	0.7	0.88	0.9	1

设与¬ B（x）对应的数值区域是 $[0，0.3]$，则 $\alpha_F = 0.15$，$\varepsilon_F = 0.15$；与 B（x）对应的数值区域是 $[0.9，1]$，则 $\alpha_T = 0.95$，$\varepsilon_T = 0.05$。根据表 5 和式（1），我们可以计算出表中任一个可能性情态动词对于 B（x），也就是程度大的真值程度。经计算，英文可能性情态动词相对于 B（x）的真值程度的值如表 6 所示。

表 6 英文可能性情态动词相对于 B（x）的真值程度

x	might	may	could	can	should	would	will	must
$h_T[f_v(x)]$	0	0	0.29	0.43	0.71	0.97	1	1

根据表 4 中文可能性情态动词的模糊语义分析，设中文可能性情态动词的有序集合 V =｛也许，说不定，大概，可能，应该，想必，一定｝。以可能性的大小程度建立该类动词模糊语义的赋值表示 $f_v(x)$，其赋值情况如表 7 所示。

表 7 中文可能性情态动词的可能性程度赋值

x	也许	说不定	大概	可能	应该	想必	一定
$f_v(x)$	0	0.3	0.5	0.65	0.8	0.9	1

设动词一元谓词 B（x）表示"x 是可能性大的"。如果 B（x）为 T，那么¬ B（x）为 F，即"x 是可能性小的"；~B（x）为 M，即"x 是可能性非大非小的"。设与¬ B（x）对应的数值区域是 $[0，0.3]$，则 $\alpha_F = 0.15$，$\varepsilon_F = 0.15$；与 B（x）对应的数值区域是 $[0.9，1]$，则 $\alpha_T = 0.95$，$\varepsilon_T = 0.05$。根据表 7 和式（1），我们可以计算出表中任一个可能性情态动词对于 B（x），也就是程度大的真值程度。经计算，中文可能性情态动词相对于 B（x）的真值程度的值如表 8 所示。

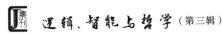

表 8 中文可能性情态动词相对于 B（x）的真值程度

x	也许	说不定	大概	可能	应该	想必	一定
$h_T\left[f_v\left(x\right)\right]$	0	0	0.33	0.58	0.83	1	1

（三）可能性情态动词英汉翻译小词典

为了翻译研究的方便，根据表 5 和表 7 中词的真值程度数值的对应情况，可以形成可能性情态动词的模糊语义互译词典。根据真值程度数值对应情况形成的可能性情态动词的英汉小词典以表格形式呈现，如表 9 所示。

表 9 可能性情态动词的英汉小词典

英语动词	汉语动词	汉语释义
must	一定、定、准、必定、势必、必然	表示对某种情况的确切估计或推断
will	想必、敢、别、别是、想来、想是	表示偏于肯定的推断
would	想必、敢、别、别是、想来、想是	表示偏于肯定的推断
should	应该、该、多半	表示推测，说话者本人对现象的认知具有不确定性，或是对自己所说的不自信
can	可能、好像、仿佛、似乎、好似	表示估计，不很确定
could	大概、大约、甚或、或者、不定、恐怕、恐、怕	表示不十分肯定的推测或估计
may	说不定、也许、或许、许或、兴许、不定、没准儿	表示猜测、估计或不能肯定的语气
might	说不定、也许、或许、许或、兴许、不定、没准儿	表示猜测、估计或不能肯定的语气

三 英语可能性情态动词汉译实例研究

著名翻译家泰维特（Tyrshitt）云："翻译贵在发幽掘微，穷其毫末。"①这句话讲的是在语际翻译中，源语的信息要尽量精确对等地在用译语中表达出来。这是翻译的本质任务，符合最基本的翻译对等的标准。对于精确语义的翻译，这是容易处理的，但如果源语的语义是模糊的，翻译时就很难精确处理，因为不知如何最大限度地表达其意义。针对可能性情态动词语义的模糊，本文采用了量化的方式对其语义模糊性进行了"精确"的度量，在这个"精确"的基础上，利用数值差小原则寻求译文与原文的最近语义距离，以此达到语义上的"对等"，并据此形成可能性情态动词模糊语义小词典，以此作为翻译实践的参照。

为了翻译时词语对应选择的方便，根据表9可能性情态动词的英汉小词典列出词之间语义的对应情况：

must ⇔一定、定、准、必定、势必、必然

will ⇔想必、敢、别、别是、想来、想是

would ⇔想必、敢、别、别是、想来、想是

should ⇔应该、该、多半

can ⇔可能、好像、仿佛、似乎、好似

could ⇔大概、大约、甚或、或者、不定、恐怕、恐、怕

may ⇔说不定、也许、或许、许、或、兴许、不定、没准儿

might ⇔说不定、也许、或许、许、或、兴许、不定、没准儿

翻译实践材料部分选取苏格兰小说家、英国文学新浪漫主义的代表之一罗伯特·路易斯·史蒂文森的历史小说 *The Black Arrow* 中的可能性情态动词。在对其原文的语义背景的分析基础之上，对其中可能性情态动词的可能性语义进行分析，并以前文量化结果为依据进行可能性情态动词的翻译实践。

---

① 转引自黄龙《古诗文英译胜语》，《南京师大学报》（社会科学版）1985 年第 3 期，第 103 页。

例1　"We must be in the dungeons."Dick remarked.

【原文语义背景分析】迪克和乔安娜走进教堂狭窄的通道，一直往前走，最后，通道越来越窄，越来越低，有许多台阶起伏不平，两侧墙壁又湿又黏，还能听到老鼠跑来跑去的吱吱声。迪克说："We must be in the dungeons。"其中，"must"表达了迪克对当前环境的推测。由于原文对环境的描述非常细致，如越来越窄的通道，起伏不平的台阶，又湿又黏的墙壁等，迪克推测此处为地牢的可能非常大。因此，此处可采用表示可能性程度高的语对"must ⇔ 一定、定、准、必定、势必、必然"进行翻译。

【译文】"我们现在一定是到房子底下的牢房了。"迪克说。

例2　"Look you，now，if we lay here in camp，there might be archers skulking down to get the wind of us；and here would you be，none the wiser！"

【原文语义背景分析】滕斯托尔村的村民在选择扎营地点，讨论是否会受到树林里绿林弓箭手的袭击。原文中说话者爱普尔亚德认为"there might be archers"，推测的依据是在离他们站的地方大概一个箭程的距离，一群鸟在慌乱地飞来飞去。他认为鸟类是很好的岗哨。在有树林的地方，鸟类位于第一战线。因此预测如果在此处扎营有受到弓箭手偷袭的可能性。由于原文是依据鸟类的反应对未来情况进行预测，因此使用了表示可能性程度不高的"might"，因此可根据语对对应情况"might ⇔ 说不定、也许、或许、许、或、兴许、不定、没准儿"进行翻译。

【译文】"你看吧，如果我们在这儿扎营，弓箭手也许会偷袭我们，就在这儿，你还不明白吗？"

例3　But now there was the noise of a horse；and soon，out of the edge of the wood and over the echoing bridge，there rode up young Master Richard Shelton，Sir Daniel's ward. He，at the least，would know，and they hailed him and begged him to explain.

【原文语义背景分析】一个暮春的下午，滕斯托尔村护河庄园的钟声突然响了。村民们对突如其来的钟声感到莫名其妙，不明白钟声为何召唤他们。但是，受丹尼尔爵士监护的理查德·雪尔顿少爷身份尊贵，了解钟声响起的原因的可能性较大，故原文使用表示可能性程度较高的"would"。因此可根据语对对应情况"would ⇔ 想必、敢、别、别是、想来、想是"进行翻译。

【译文】此时，突然传来了一阵马蹄声，只见理查德·雪尔顿少爷骑马奔出树林，穿过小桥。这个受丹尼尔爵士监护的理查德·雪尔顿少爷想必知道钟响的原因。于是，这群人拦住了他，请求他告诉他们原因。

例4　"And here,"added Greensheve,"is a hole in his shoulder that must have pricked him well. Who hath done this, think ye? If it be one of ours, he may all to prayer; Ellis will give him a short shrift and a long rope."

【原文语义背景分析】在一场战斗中，理查德·雪尔顿少爷被树林中的暗箭射中。之后失血过多，倒地昏迷，被两个绿衣人发现身份。由于 Ellis 是绿衣人的首领，绿衣人又了解到 Ellis 和理查德·雪尔顿少爷的友谊，如果是他们的人射伤了理查德·雪尔顿少爷，二人推测首领 Ellis 生气的可能性很大。因此，原文"Ellis will give him a short shrift and a long rope"中使用表示可能性程度大的"will"。因此可根据语对对应情况"will ⇔ 想必、敢、别、别是、想来、想是"进行翻译。

【译文】"看这里，"穿绿衣的人补充道："他肩膀上被刺了个洞。这是谁干的呢？我希望不是我们的人，要不然约翰·除不平一定会对他不客气的。"

结　语

可能性情态动词的语义具有模糊性。本文从逻辑学的角度为可能性情态动词的模糊语义进行了真值定性，并在此基础上利用 MMTD 工具对其模糊值进行了计算。本文分别对中英可能性情态动词的模糊值进行计算，显示其模糊值对比情况，并以模糊值更接近的语对作为依据验证翻译"信"的效度。利用模糊语义量化工具，来计算词语模糊语义的真值程度，可以"精确"地对比原文和译文的语义情况。本文试图为翻译实践带来一定的启示，为"信"求"真"。采用量化的方法考虑翻译的过程还可以应用到翻译教学、翻译评价、翻译阅卷、机器翻译等领域。

辩证思维的辩证否定及其矛盾[*]

—— 语言逻辑的方案

邹崇理　姚从军[**]

摘　要： 在西方哲学史上，从古希腊的辩证法思想萌芽到近现代的马克思主义的辩证思维实践，"辩证否定及其辩证矛盾"总是绕不开的话题。现代逻辑的主流对辩证思维持漠视态度，仅有少量的现代逻辑分支对辩证思维进行零散的关注和局部的研究。次协调逻辑对辩证思维持积极开放的态度，企图给出辩证否定及其矛盾的形式语义定义。国内学者提出的哲思逻辑从"对当关系的视角"对经典否定和次协调否定等进行研究，启发了辩证思维的逻辑探讨。作为辩证思维实践的重要案例，马克思主义的经典著作《资本论》使我们加深了对辩证否定和辩证矛盾的理解，从而借鉴当代语言逻辑的工具——投射话语表述理论 PDRT 尝试精细化地分析辩证否定及辩证

* 本文系国家社科基金重大项目"面向计算机人工智能的组合范畴语法研究"（项目编号：17ZDA027）的阶段性研究成果。
** 邹崇理，博士，湘潭大学哲学与历史文化学院特聘教授，中国社会科学院哲学所研究员，中国逻辑学会名誉会长，博士生导师，主要研究方向：语言逻辑。姚从军，博士，湘潭大学哲学与历史文化学院教授，博士生导师，主要研究方向：现代逻辑。

矛盾的概念。

关键词： 辩证思维　辩证否定　辩证矛盾　PDRT

一　"正反合"式辩证思维从萌芽到马克思主义实践

古希腊哲学家普罗克洛最早提出正反合三段式的辩证发展模式，他认为万物发展都可分为停留、前进、回复三个阶段。德国哲学家费希特关于自我意识的三条原则为：自我设定自身，自我设定非我，自我和非我的统一。黑格尔吸收了三段式的思想：①发展的起点，即"正题"；②对立面的显现或分化，即"反题"；③"正反"二者的统一，即"合题"。黑格尔的辩证思维贯穿于其《哲学科学全书纲要》，[①]把"理念"看作世界的本原，"理念"的发展经历了正反合三个阶段：①逻辑学，②自然哲学，③精神哲学。黑格尔创立了欧洲哲学史上最庞大的客观唯心主义体系，其思想框架如图1所示。

正反合三段式 {
第一部 逻辑学：①存在论　②本质论　③概念论
第二部 自然哲学：①数学　②无机物理学　③有机物理学
第三部 精神哲学：①主观精神　②客观精神　③绝对精神
}

正反合三段式

图1　《哲学科学全书纲要》框架

黑格尔《逻辑学》中有大量正反合辩证思维的实例，例如，"先假定'绝对是纯有'；我们假定它就是纯有，而不加给它任何质。但是不具有任何质的纯有是无，于是我们达到反题：'绝对即是无'；从这种正题和反题转入合题：'有'与'非有'的合一是'变易'，所以说'绝对是变易'"。[②]黑格尔哲学极大地发展了辩证法并促成了马克思主义的辩证思维实践。在《资本论》的逻辑体系中，商品（使用价值和交换价值）⇒货币

---

① 〔德〕黑格尔：《哲学科学全书纲要》，薛华译，上海人民出版社，2002。
② 〔英〕罗素：《西方哲学史》（下卷），马元德译，商务印书馆，1982，第279页。

（舍弃商品的使用价值）⇒资本（舍弃货币的等价交换）这三个基本范畴的变易，恰是正反合辩证思维的实例。货币否定了商品的使用价值且肯定了商品的交换价值，从而使商品变为了货币。这里的辩证否定在否定之中有肯定，秉承了黑格尔"否定即变易"的辩证否定观念。

除了概念的正反合辩证思维外，马克思的辩证思维实践还提出作为判断正反合思维的辩证矛盾，如《资本论》第一卷出现的著名辩证矛盾句："因此，资本不能从流通中产生，又不能不从流通中产生。它必须既在流通中又不在流通中产生。"①正题作为矛盾的一个对立面和反题作为矛盾的另一对立面构成了合题——辩证矛盾。辩证矛盾"如果用判断来表示，那么就应该把这种矛盾双方的关系完整地表述于同一个判断里。例如，光量子的波-粒二象性（间断性和非间断性的矛盾）可表述为：'光既具有粒子性又具有波动性'。……对上述这个正确的判断，在肯定的同时又加以否定，在肯定时说：'光既具有粒子性又具有波动性'后，接着又加以否定说：'光不是既具有粒子性又具有波动性'。"②

二　现代逻辑视角下辩证思维的研究困境与研究现状

针对辩证思维的研究，辩证逻辑面临的根本问题是从现代逻辑的视角去界定正反合辩证思维所涉及的辩证否定及其矛盾。辩证否定究竟是怎么回事？辩证矛盾呈现出什么样的形态？怎样解析辩证思维中的矛盾语句？我们注意到，现代逻辑的主流对辩证思维持漠视态度，仅有少量的现代逻辑分支对辩证思维进行零散的关注和局部的研究。如最具影响力的次协调逻辑企图给予辩证否定精确的形式语义定义，认为次协调否定构成的"$A \& \neg A$"在一定条件下是可满足的。次协调否定是一种不同于经典否定的否定词，对于刻画真实的辩证矛盾似乎显得不够充分。若采纳经典否定词表示辩证矛盾，

①　《资本论》（第1卷），人民出版社，2004，第193页。
②　周礼全主编《逻辑百科辞典》，四川教育出版社，1994，第316页。

即"A & ～A"，则辩证矛盾无异于逻辑矛盾，这是整个现代逻辑学科体系所不能容忍的。辩证逻辑的核心概念"辩证否定"和"辩证矛盾"不能清晰地定义，辩证逻辑学科就处于尴尬境地。

从思辨哲学的视角看，我国学者对辩证思维的认知呈现多种说法的局面。有人认为，只有黑格尔辩证法中的矛盾才是辩证矛盾（不同于逻辑矛盾）。辩证矛盾的肯定和否定不是指属性的"有"与"无"，不是用 A 和非 A 所能刻画的，而是指一个对象"共有"的两个相反相成的属性。辩证矛盾包含的矛盾双方是思维对客观对象的真实反映，而逻辑矛盾对立的双方至少有一方是思维的主观臆造。①应该说，从思辨哲学的非形式角度表述的辩证否定及其矛盾的概念是有一定说服力的。

（一）辩证思维研究的次协调逻辑方案

然而从现代逻辑的角度看，辩证否定及其矛盾的形式化处理始终是一块难啃的"硬骨头"。关注这个目标的次协调逻辑的情况是，著名次协调逻辑学家达·科斯塔（da Costa）等谈论矛盾时认为，我们把任一对互相否定的命题（A 和非 A）叫作矛盾（或不协调）。次协调逻辑不排斥矛盾中的两个命题都为真的可能……其组成部分涉及现实的矛盾。②提出"双面真理论"的次协调逻辑学家普里斯特（Priest）也说过，现实中有许多次协调（亚相容）的例子：牛顿莱布尼茨的微积分学说、康托尔的集合论、早期量子力学、黑格尔的辩证法。③尽管次协调逻辑对辩证思维的态度是积极的，但落实到具体操作上，辩证否定及其矛盾似乎很难形式化。如果把辩证矛盾归结为次协调逻辑的"A & ¬A"，则需要获得辩证思维实践案例支持的详细论述。虽然次协调逻辑的"A & ¬A"跟逻辑矛盾"A & ～A"有明显区别，

---

① 李秀敏：《评普里斯特的"真矛盾"理论》，《徐州师范大学学报》（哲学社会科学版）2012 年第 3 期，第 126 页。

② C. A. Newton, Da Costa, and Diego Marconi, "An Overview of Paraconsistent Logics in the 80s", *The Journal of Non-Classical Logic*, Vol. 6, No. 1, 1989, pp. 5-31.

③ G. Priest, " The Logic of Paradox", *Journal of Philosophical logic*, 1979, pp. 219-241.

但区别的哲学思想究竟是什么，则需要进一步明确的论述。

经典逻辑是协调逻辑，其否定是一种强否定词"~"，经典逻辑禁止逻辑矛盾"A&~A"。而次协调逻辑专门设计了一种弱否定词"¬"，据此构成的"A&¬A"称作弱逻辑矛盾。弱否定词的语义赋值定义为：

$$V (A) = 0 \Rightarrow V (\neg A) = 1$$

其异常赋值使得 A 和¬A 可同真是可满足的，[①]次协调逻辑容忍弱逻辑矛盾"A&¬A"。次协调弱否定词的语义解释是单向的，即从 A 假到¬A 真，没有反方向的断定；而客观世界中矛盾对立面则是双向作用的，即通常表现为"取长补短"的互补现象，以 A 之长补 B 之短，同时以 B 之长补 A 之短，A 和 B 是双向作用的；阴阳鱼图形显示，阴阳是互相缠绕的，阴作用于阳且阳作用于阴。量子纠缠是相互作用的物体之间存在着的一种不受距离限制的、用任何经典规律都无法解释的关联。显见，次协调的¬A 的否定功能被减弱了，进而次协调逻辑的弱逻辑矛盾仅仅是"从 A 假到¬A 真"的半个矛盾。普里斯特指出达·科斯塔的次协调否定不是"真的矛盾性"否定。而次协调逻辑的"A & ¬A"虽然区别于逻辑矛盾"A & ~A"，但是否是真正的辩证矛盾需要进一步深入探讨。

这里，补充说明经典的强否定和次协调的弱否定的关系。经典否定~A 基于 A 的解释是双向的，即 V (A) = 0 ⇔V (~A) = 1，而次协调否定¬A 基于 A 的解释则是单向的。显见：强否定~A 蕴涵弱否定¬A。强否定~A 意味完全否定 A 或否定 A 的全部，而弱否定¬A 意味部分否定 A 或否定 A 的至少一部分。在否定对象仅仅针对命题整体的次协调逻辑系统内，这种"部分否定"或"否定至少一部分"的思想似乎无法表述。尽管如此，次协调逻辑的弱否定思想毕竟为我们理解真正的辩证否定及其矛盾提供了启迪，基于这样的启迪我们看到了国内学者创立的哲思逻辑。

---

① 张清宇：《弗协调逻辑》，中国社会出版社，2003，第 31 页。

（二）辩证思维研究的哲思逻辑方案

哲思逻辑作为"对当关系"的逻辑，[①] 其形式语言在经典逻辑否定词"~"的基础上添加一元连接符"＊"，并据此定义出两个弱否定词：$\triangle A =_{def} ＊ \sim A$；$\nabla A =_{def} \sim ＊ A$。$\triangle$称为次协调否定词，$\nabla$称为构造性否定词。而四个算子构成的逻辑对当关系为：A 与~A 之间是矛盾关系；A 与 ∇A 之间是上反对关系；A 与 $\triangle A$ 之间是下反对关系；A 与 ＊A 之间是差等关系。

哲思逻辑的定理 21 有以下条款。

① "A & ~A"不可满足（即经典逻辑的强逻辑矛盾，A 和~A 不可同真不可同假）。

③ "A & ∇A"不可满足（即直觉主义逻辑的弱逻辑矛盾，A 和 ∇A 不可同真可同假）。

⑤ "A & $\triangle A$"可满足（即次协调逻辑的弱逻辑矛盾，A 和 $\triangle A$ 可同真不可同假）。

⑦ "A & ＊A"可满足（A 和 ＊A 可同真可同假）。

次协调的弱否定 $\triangle A$（即¬A）和 A 属于下反对关系：可同真不可同假，一假另一必真，这恰好是次协调逻辑弱否定的思想。[②]如果对次协调的弱否定进行精细化分析，对命题 A 进行内部结构的深入，把 A 分析为普通逻辑的具有主谓结构的 SIP 判断，作为逻辑对当关系中的下反对关系，SIP 判断和 SOP 判断可同真不可同假，而 SOP 判断对 SIP 判断的否定涉及对主项 S 的"部分否定"。因为：SIP 意味"有（些）S 是 P"，而 SOP 意味"有（些）S 不是 P"。此外，在普通逻辑的案例中，除了 SOP 对 SIP 是否定至少一部分的弱否定且 SIP&SOP 是弱逻辑矛盾外，SEP 对 SIP 就是否定全部的

---

① 杜国平：《哲思逻辑——一个形而上学内容的公理体系》，《东南大学学报》（哲学社会科学版）2007 年第 4 期，第 43~46+127 页。

② 次协调逻辑关于弱否定词的语义解释：V（A）= 0 ⇒V（¬A）= 1 和 V（¬¬A）= 1 ⇒V（A）= 1。根据前者，A 假则¬A 真；基于二者的推证，也有¬A 假则 A 真，这就坐实了 A 和¬A 具有下反对关系。

强否定且 SEP&SIP 是强逻辑矛盾。

次协调逻辑的弱否定，对 A 是一种至少部分的否定，命题 A 的内部结构不清楚，是黑箱，针对 A 的部分否定无从谈起。当代语言逻辑分析语句比普通逻辑更加深入，不仅限于对语句的内部进行主谓结构的分析，还对语句的语言构造进行更精细的剖析。基于此，当代语言逻辑对次协调逻辑关于否定的强弱涉及的完全否定或部分否定的思想，将做出更透彻清晰的描述。甚至对语句中一些起到关键作用的词语，如触发辩证思维的"否定""变易"等词语，进行细颗粒化的语义表征。①

三　辩证思维研究的新路径——基于当代语言逻辑理论"PDRT+CCG"

当代语言逻辑研究受现今 AI 主流的大数据深度学习的经验主义方法的影响，专注自然语言个案个例的分析。因此，我们首先关注辩证思维真实文本的语言案例，即马克思主义经典著作《资本论》第一卷中的断言："因此，资本不能从流通中产生，又不能不从流通中产生。它必须既在流通中又不在流通中产生。"②这是一个典型的辩证思维矛盾句：非 A 是"资本不能从流通中产生"，A 是"资本从流通中产生"，非 A 并且 A 是"资本必须既在流通中又不在流通中产生"。在《资本论》第一卷（人民出版社，2004）第138~141 页的上下文范围内，马克思给出了关于矛盾两个对立面非 A 和 A 的论述。这些论述解读了该辩证矛盾的内涵，表明互相矛盾的表述是针对不同的方面而言的，辩证矛盾是可以理解的。

论述①：资本不能从流通中产生，在简单商品流通中货币遵循等价交换原则，货币在流通中不能转化成产生剩余价值的资本。"商品占有者 A 可能非常狡猾，总是使他的同行 B 或 C 受骗，而 B 和 C 无论如何也报复不了。A

---

① 类似投射话语表述理论 PDRT 的"预设触发语"，如"张三停止打球"中的"停止"，这个预设触发语内含"张三曾经打过球"这样的预设信息。

② 《资本论》（第 1 卷），人民出版社，2004，第 193 页。

把价值 40 镑的葡萄酒卖给 B，换回价值 50 镑的谷物。A 把自己的 40 镑转化为 50 镑，把较少的货币变成了较多的货币，把自己的商品转化为资本。我们仔细地来看一下。在交换以前，A 手中有价值 40 镑的葡萄酒，B 手中有价值 50 镑的谷物，总价值是 90 镑。在交换以后，总价值还是 90 镑。流通中的价值没有增大一个原子，只是它在 A 和 B 之间的分配改变了。……显然，流通中的价值总量不管其分配情况怎样变化都不会增大，……可见，无论怎样颠来倒去，结果都是一样。如果是等价物交换，不产生剩余价值；如果是非等价物交换，也不产生剩余价值。流通或商品交换不创造价值。"①

论述②：资本必须在流通中产生，货币所有者在商品流通中关联劳动力这种可以产生剩余价值的特殊商品，货币转化成资本。"因此，在剩余价值的形成上，必然有某种在流通中看不到的情况发生在流通的背后……转化为货币形式。……商品生产者在流通领域以外，也就是不同其他商品占有者接触，就不能使价值增殖，从而使货币或商品转化为资本。……因此，这种变化必定发生在第一个行为 G—W 中所购买的商品上，但不是发生在这种商品的价值上，因为互相交换的是等价物，商品是按它的价值支付的。因此，这种变化只能从这种商品的使用价值本身，即从这种商品的消费中产生。要从商品的消费中取得价值，我们的货币占有者就必须幸运地在流通领域内即在市场上发现这样一种商品，它的使用价值本身具有成为价值源泉的独特属性，因此，它的实际消费本身就是劳动的对象化，从而是价值的创造。货币占有者在市场上找到了这样一种独特的商品，这就是劳动能力或劳动力。"②

概言之：资本不在流通中产生。一方面，货币在 G—W—G 的简单商品流通中遵循等价交换的原则，货币在流通中的交换不增加货币的总量，不能产生剩余价值，不能增值，货币不能转化成资本；另一方面，资本在流通中产生。货币在 G—W—G' 的非简单商品流通中使得货币所有者发现劳动力这种特殊的商品，劳动力的使用产生了剩余价值，货币得以增值，货币变成价

---

① 《资本论》（第 1 卷），人民出版社，2004，第 189~190 页。
② 《资本论》（第 1 卷），人民出版社，2004，第 192~195 页。

值增值的资本。①

根据马克思的论述，我们采用当代语言逻辑的技术工具——投射话语表述理论 PDRT 对《资本论》的上述辩证矛盾语句案例进行剖析。我们概括其论述要点，用 PDRT 的逻辑语义表征框图 K 表示矛盾的一个对立面（资本在流通中产生），将之作为正题，用框图¬K 表示矛盾的另一对立面（资本不在流通中产生），将之作为反题，用框图 K※¬K 表示作为合题的辩证矛盾。②采用 PDRT 的方式基于辩证矛盾语句的句法生成，扼要展示该句的 PDRS 语义表征所显示出的辩证否定和辩证矛盾，即采用语言逻辑的"词汇主义"方法：从辩证矛盾句的构成成分——词条出发，按照组合范畴语法 CCG 的要求预先赋予"构词造句"所需要的句法范畴以及揭示辩证思想所需要的语义，③ 据此进行计算推演如下（见图 2）。

图 2 的推演工具涉及 PDRT 和 CCG 的技术手段，由于篇幅所限，本文此处不做介绍，可参见《现代逻辑关于辩证思维现象的思考》④。这里仅从直观角度给予简要解读：图 2 中关于"资本不在流通中产生"推出的语义信息¬K 扼要展示了马克思论述①的思想，关于"资本在流通中产生"推出的语义信息 K 显示了论述②的思想。需要强调的是：①图 2 中"又"作为辩证触发语，关联的是两个相互矛盾的对立语句，背后隐藏了从"货币不同于资本"（ x ≠y）到"货币演变成资本"（ x = y）的语义信息，对"又"的 PDRT 解析搭建了一个能够容纳矛盾并且理解矛盾的逻辑语义表征框架，是辩证否定及其矛盾形式化解析的平台；②指针 2 标识语境¬K，指针 3 标识语境 K，¬K 是对 K 的辩证否定，意味仅仅否定 K 的部分 PDRS 条件而不是全部，这是基于 PDRT 表述的弱否定的具体案例；③K※¬K 意味二者的合

---

① G—W—G 表示简单商品流通中的先卖后买，G—W—G' 表示增值的商品流通中的先买后卖。

② K※¬K 意味：矛盾的对立面 K 辩证合并矛盾的另一对立面¬K，算子※是中涉及矛盾的动态合取。

③ 推演图 2 需要的词条或短语预先被指派范畴和语义表征的工作这里略去。在图 2 中，我们甚至省略了推演的许多中间过程。

④ 邹崇理、姚从军：《现代逻辑关于辩证思维现象的思考》《学术研究》2022 年第 5 期。

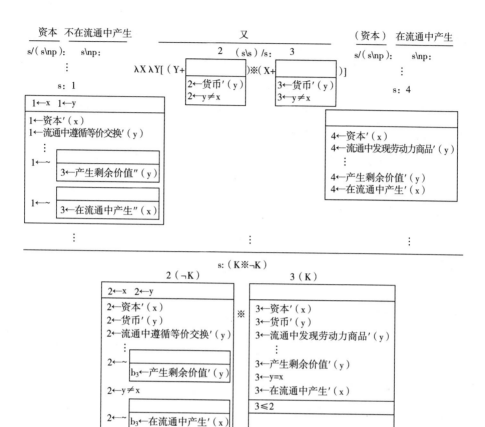

图2 辩证语句的计算推演分析树

取获得的辩证矛盾，即 K 和¬K 中既有共享的 DRS 条件，如"资本′（x）"和"货币′（y）"，又有各自分享的相异或对立的第3~6款 DRS 条件，对立的 DRS 条件分属不同的语境指针2和3（矛盾获得理解），这就是辩证矛盾的"对立统一"解读。概言之，对否定的分支句"资本不在流通中产生"的语义表征¬K，其内部结构清晰地展示出的是一种细颗粒化的"否定至少一部分"的弱否定，而对整句的语义表征 K※¬K 则是黑格尔所谓"正反"二者的统一即"合题"的辩证思想的呈现。

上文的分析是关于判断层面的辩证否定及其矛盾，判断层面的辩证思维在自然语言的表层给人"否定"和"矛盾"的印象。而辩证思维经典作家的巨著往往是一种大框架的"正反合"辩证思维过程，表现为概念之间的演化。在《资本论》的逻辑体系中，商品（使用价值和交换价值）⇒货币（舍弃商品的使用价值）⇒资本（舍弃货币的等价交换）这三个基本范畴的每一步演变，皆显示出辩证否定作为弱否定的"部分否定"或"否定至少一部分"的思想：商品是资本主义社会的原子细胞，商品具有使用价值和交换价值，从商品演变到货币，货币是对商品的否定。这是导致"变易"的辩证否定，也是"否定至少一部分"的弱否定，货币否定了商品的部分属性——使用价值，同时保留商品的另一部分属性——交换价值。同理，从货币演变成资本也是如此，资本对货币的否定也是"变易"的辩证否定，也即"否定至少一部分"的弱否定，资本否定了货币的部分属性——在流通中等价交换的原则，保留货币的另一部分属性——在流通中关联劳动力商品且创造剩余价值。《资本论》体系中概念的"变易"推演，其间直接看不到"否定"的字眼或"矛盾"的表述。然而在我们给概念间增添"演化成"这样的辩证触发语后，通过逻辑透彻的剖析，仍旧在幕后彰显出辩证否定及其矛盾的思想。这里以《资本论》辩证思维过程中的从"商品"到"货币"的概念演化为例简要分析如下。

图 3 可作如下直观简要的解读：其中"演变成"作为辩证触发语，背后同样隐藏了"变易"的信息，其 PDRT 解析搭建了一个容纳矛盾并且理解矛盾的框架平台；经过推演获得，指针 2 标识语境 K，K 中的第 3 和第 4 款 DRS 条件是"商品"概念在这里讨论的全部属性，这些 DRS 条件表明在 K 的语境下商品还没有变化成货币（$x \neq y$）；指针 3 标识语境¬K，¬K 是对 K 的辩证否定，仅仅否定 K 的部分即第 4 和第 5 款 DRS 条件而不是全部，这也是基于 PDRT 表述的弱否定案例；¬K 中第 3 和第 4 款 DRS 条件是"货币"概念在此涉及的全部属性，这些 DRS 条件表明货币同商品的关联，在¬K 的语境下商品变成了货币（$x = y$）；推演的最后结果即 K※¬K 意味矛盾双方的合取获得的辩证矛盾，即 K 与¬K 既有共享的 DRS 条件，K 与¬K 又有各自分享的对立的 DRS 条件。

对上述马克思主义辩证思维案例的 PDRT 分析进行推广提升，可以进一步构建辩证矛盾及其否定的逻辑模型，可以进行抽象的形式化概括，据此提

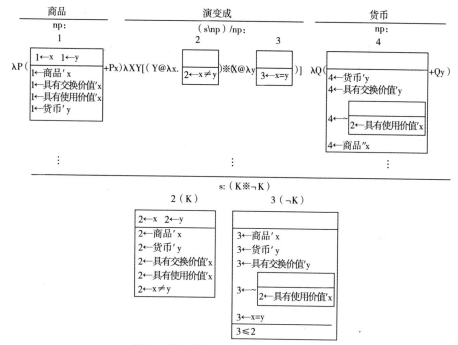

图3　辩证概念演化的计算推演分析树

炼出有关的辩证思维的推理模式，这些工作有待进一步展开。

结　语

　　次协调逻辑的开创者关注辩证思维的否定及其矛盾，提出的弱否定概念意味着部分否定或否定至少一部分的思想，弱逻辑矛盾不同于经典的逻辑矛盾。但这些思想没有明晰化，否定的对象没有展开的内部结构，部分否定或否定部分就无从谈起。哲思逻辑提供了关于弱否定案例的启迪——普通逻辑主谓句对当方阵的下反对关系，引导我们沿着弱否定的路线走下去，采用当代语言逻辑的分析自然语言语义的PDRT形式化工具，同时针对《资本论》中辩证思维的真实文本案例，对否定对象的内部结构展开细颗粒化的精细剖析。本文获得的结果仅仅是一个关于辩证思维的否定及其矛盾的初步探讨，后续进行的研究目标如下。①整理挖掘关于马克思主义辩证思维的真实文本案例。列宁说过《资本论》是大写的逻辑,① 马克思主义的经典著作《资本论》遵循的是辩证思维的规律，其整体框架，各个章节的结构安排，均体现出正反合思维的辩证机制。我们将以细致翔实的研究去印证列宁的预言。②辩证思维从正题到反题，显示出"正"和"反"的矛盾对立面。怎样获得合题？如同黑格尔所强调："正反"二者的统一即"合题"，即"正反"的矛盾统一。黑格尔又认为"否定及其矛盾导致变易"，合题并非仅仅展现出辩证矛盾，还有导致变易产生新事物的意味，这是我们的解析方案需要进一步思考的问题。③怎样精准界定"辩证否定及其矛盾"的机制？针对这块难啃的硬骨头，依据 PDRT 的语境指针概念，需要对这些机制进行完善，给出 K 和¬K 的 PDRT 模型语义定义。④基于上述 K 和¬K 的指针之间的约束关系，一定程度上揭示了从正题 K 演化到反题¬K 再演化到合题 K※¬K 的辩证思维过程，达成基于演化过程构建辩证推理系统的目标更需要后续的工作。

---

① 《列宁全集》（第 55 卷），人民出版社，2017，第 290 页。

替换逻辑的几个关键概念[*]

摘　要： 替换逻辑是一种基于思维要素替换的新的日常思维逻辑。替换逻辑可以绕过三段论的僵硬的格、式和繁琐的规则，更恰当地描述人类思维的实际推理过程。而且，新逻辑将类比推理与关系推理和模态推理相结合，扩大了三段论的范围，从而可以处理更复杂的量化推理。替换逻辑提出一系列新的概念，如主动前提、被动前提、前项、联项、后项、全项、特项、单项、母项、子项、等项、对称命题、不对称命题等。这些概念反映了思维的基本特征，可以进一步应用到逻辑学其他领域。

关键词： 替换逻辑　推理　概念

一　替换逻辑的关键概念的定义

（一）联项

联项是命题的常项，指两个对象之间的某种联系。我们可以将联项大致

---

* 本文主要观点首发于 *Philosophical Forum* 2019 年第 2 期的 "Substitution Logic：An Extension of Syllogism" 一文。该文的中译《替换逻辑——三段论的拓新》原收录在《逻辑教育通讯》（电子版）2023 年第 5 期，后收录在张建军主编《逻辑学动态与评论》第 2 卷第一辑（中国社会科学出版社，2023）。

** 马雷，博士，南华大学特聘教授，博士生导师，主要研究方向：逻辑学、科学哲学、问题哲学。

分为三种类型。

（1）对称联项——这些联项表示词项替换的某些对称性质，即联项前后的项可以有效地被性质相同的项所取代。日常词语"不""不属于""不包含"都是对称性的性质联项；"知道""不知道""喜欢""不喜欢""帮助""不帮助""不等于""不大于""不小于""不少于""需要""不需要"等都是对称性的关系联项；"必然帮助""必然出现在""不可能帮助"都是对称性的模态联项；"允许"与"不允许"都是对称性规范联项。竖线"丨"代表对称联项。

（2）不对称联项——指词项替换的某些不对称特征，即联项前后的词项不能有效地被性质相同的词项所取代。日常词语"是""属于""包含在"都是不对称性联项，由斜线"／"表示。

（3）中性联项——表示词项替换的某种中性性质，有时具有对称联项的性质，有时具有不对称联项的性质。日常词语"等于""与……一致"是中性联项，由等式符号"＝"表示。

（二）前项和后项

作为简单命题变量的词项可分为两类：①前项——主项（或前关系项）和其量词的组合项，它们总是在联项之前使用；②后项——谓项（或后关系项）和其量词的组合项，它们总是出现在联项后面。例如，在句子"所有乌鸦都是鸟""所有的鸟都不是植物""一班的所有学生都认识一些二班的学生"中，"所有乌鸦""所有鸟""一班的所有学生"都是前项，"所有鸟""所有植物""一些二班的学生"都是后项。

（三）全项、特项和单项

根据简单命题项的普遍性程度，前项和后项可分为三种类型。①全项——由所有对象组成的某类对象，其符号形式用大写字母 A、B、C、D、X 等表示。在日常表述中，全项用"所有 x"表示。注意，小写字母 a、b、c、d、x、y 等可以表示任何主项、谓项和关系项。②特项——由部分或所有成员组成的某类对象的词项，其符号形式用带圈的大写字母Ⓐ、Ⓑ、Ⓒ、Ⓓ、Ⓧ、Ⓨ等表示。在日常语言中，特项用"一些 x"来表达。因此，在句子"所有乌鸦都是鸟"①"所有非鸟都是非乌鸦""所有乌鸦不是喜鹊""所有学生认识所有老师"中，词项"所有乌鸦""所有鸟""所有喜鹊""所有非鸟""所有学生""所有老师"都是全项。在句子"一些乌鸦不是喜鹊""一些学生认识一些老师"中，"一些乌鸦""一些学生""一些老师"都是特项。在一个前提中，可以被替换的全项和特项是变量。③单项——表示一个对象的词项。例如，在句子"玛丽养了一只兔子"中，"玛丽""一只兔子"都是单项。

（四）母项、子项和等项

根据外延的比较，词项可以狭义地分为母项、子项和等项。从全项之间的关系来看，如果 B 是 A 的真子类，则 A 被称为 B 的母项，B 被称为 A 的子项。当 A 和 B 的外延相同时，词项 A 和 B 互为等项。请注意，只有全项之间存在互为等项的关系。因此，命题的母项和子项由不对称联项显示。例如，在句子"所有乌鸦都是鸟"中，"所有乌鸦"的外延包括在"所有鸟"的外延中，因此我们可以说"所有乌鸦"是"所有鸟"的子项，"所有鸟"是"所有乌鸦"的母项。广义上说，如果 A 是 B 的等项或子项，A 统称为 B 的子项。"B 的子项"的符号形式是〈B〉。如果 B 是 A 的等项或母项，则 B 统称为 A 项的母项，表示为《A》。因此，在"所有 a 都是 b"中，"所有 a"是"所有 b"的等项或子项，"所有 b"是"所有 a"的等项或母项，但大体上，我们说"所有 a"是"所有 b"的子项，"所有 b"是"所有 a"的母项。

从特项与全项的关系来看，A 项的外延总是大于Ⓐ，所以 A 总是Ⓐ的母项。从单项与全项的关系来看，如果单项的指称对象包含在全项中，则称单项为全项的子项，称全项为单项的母项。必须指出，全项既有母项也有子项，但单项和特项只有母项。全项的子项可能是特称的或全称的。例如，"所有鸟

---

① 这里的"所有乌鸦都是鸟"应该理解为"所有乌鸦"的外延比"所有鸟"要小。同样，"一些乌鸦是鸟"意指"一些乌鸦"的外延小于"所有鸟"。与传统周延理论不同，这一理解将全称肯定命题的谓项视为周延的。

类"的子项可能是"一些鸟类""一些乌鸦""所有乌鸦""一只鸟""一只乌鸦"等。全项的母项不能是特称的或单称的，而只能是全称的。例如，"所有乌鸦"的母项不能是"一些乌鸦""有的鸟""一只乌鸦""一只鸟"，只能是"所有鸟""所有动物"等。特项或单项不能视为任何项的母项。所有母项必须是全称的。当一个全项的量词被改变时，我们得到一个特项或一个单项。

（五）主动前提和被动前提

推理的前提可分为两类。①被动前提——其前项或后项应由其母项或子项取代的前提。例如，在被动前提"所有学生都热爱所有教师"或"所有教师都被所有学生所热爱"中，"所有学生"和"所有教师"这两个词可以用某些词项来代替，例如"一个学生""一个教师"。具有对称联项的前提只能充当被动前提。②主动前提——决定被动前提中哪一项应由其前项或后项取代的前提。例如，主动前提"所有 a 是 b"意味着"所有 a"可以在被动前提中替换为"所有 b"，或者"所有 b"可以在被动前提中替换为"所有 a"。具有不对称或中性联项的前提被优先作为主动前提。对于两个不对称命题，我们可以选择其中的任何一个作为被动或主动的前提，只是结论的形式会有所不同。

（六）被替换项和替换项

根据词项在推理中的作用，词项可分为两种类型：①被替换项——这些词项不仅以被动项出现，而且以主动项出现，在推论中被替换项取代，并在结论中消失；②替换项——出现在主动前提中，而不是被动前提中，用来代替被动前提中的被替换项，并保留在结论中。

（七）对称命题和不对称命题

两种最一般的命题类型是简单命题和复合命题。复合命题是指含有其他命题作为其成分的命题。一个简单命题，由前项、联项和后项组成，没有其他命题作为其成分。在本文中，笔者将讨论来自两个或多个简单命题的推论。在这些命题中，结论不是从一个给定的命题中立即得到的，而是需要通过显示被替换项和替换项的直言命题作为中介来进行。简单命题进一步分为对称命题和不对称命题。

对称命题是指具有对称联项并充当被动前提的命题。由 X丨Y 表示的对称命题进一步分为四种类型。①

（1）双全对称命题——这些对称命题的前项和后项都是全称的。它们的符号形式是：X丨Y。例如"所有的乌鸦都不是喜鹊""所有的学生都爱他们所有的老师"。

（2）特全对称命题——这些对称命题的前项是特称的，后项是全称的。它们的符号形式是：Ⓧ丨Y。例如"有些乌鸦不是喜鹊""一班的一些学生的年龄比二班的所有学生都大""有些学生爱他们所有的老师"。

（3）全特对称命题——这些对称命题的前项是全称的，后项是特称的。它们的符号形式是：X丨Ⓨ。例如"一组的所有学生都不是一班的一些学生""一组所有学生都不喜欢二组有的学生"。②

（4）双特对称命题——这些对称命题的前项和后项都是特称的。它们的符号形式是Ⓧ丨Ⓨ。例如"一班有的学生帮助二班有的学生""有的老师不相信他们的有的学生"。

不对称命题是指具有不对称联项（用"/"表示）并充当主动或被动前提的命题（当推理的两个前提都是不对称命题时，其中任何一个都可以充当被动前提）。不对称命题进一步分为两类。

（1）全不对称命题——那些前项和后项都是全项的不对称命题。它们的符号形式是 X/Y。例如"所有乌鸦都是喜鹊""一组的所有学生都是二组的学生"。

（2）特不对称命题——前项是特称的，后项是全称的不对称命题。它们由Ⓧ/Y 表示。例如"有些乌鸦是动物""一组的一些学生是二班的学生"。

---

① 此分类中不考虑包含单个对象的命题。这类命题可以根据上下文进行不同的处理。如果将单个对象视为包含所有这些单个对象的全称类，则可以将其视为全称命题。如果单个对象不被视为全类，则可能被视为特称命题。此外，本文中涉及的所有类都假定不是空类。

② 这句话等于"一班一些学生不是一组的学生"。一般来说，"所有的 s 都不是 p"等于"有些 p 不是 s。"

为了将一些命题与传统命题进行比较，在本文的例子中，联项"是""不是""必然属于"后面的全称量词被省略了。例如，"所有的乌鸦都是动物""有些乌鸦不是喜鹊"，都是"所有的乌鸦属于所有动物""有些乌鸦不是所有的喜鹊"的简略说法。特项不能出现在任何不对称的联项后面，即双特不对称命题（例如，有些 x 是一些 y），全特不对称命题（例如，所有 x 都是一些 y）不成立，即Ⓐ/Ⓑ、A/Ⓑ不是合式公式。换言之，虽然不对称命题意味着前项是后项的子项，但任何特项都没有子项。

二 替换推理

（一）对称推理

对称推理是指对称被动前提的前项和后项作为母项可以有效地被其子项所取代。对于对称被动前提，我们有以下推理规则。

规则 a_1　全称前项（或全称后项）可以被其子项完全替换，即当其母项被替换时，应保留该子项的量词。

规则 a_2　全称前项（或全称后项）不能被其母项完全取代，但可以被其母项不完全地取代，即当其子项被取代时，必须将母项的全称量词改为特称的。

规则 a_3　特称前项（或特称后项）不能被其母项完全取代，但如果特项已转变为全项，则全项的母项不能完全取代特项，即当其子项被替换时，必须将母项的全称量词改为特项。

根据上述规则，我们有以下有效的推理形式。

形式 1

A | B （对称被动前提）

〈A〉= C （A 的子项是 C）

C | B （结论）

被动前提：一组的所有学生都不是二组的学生

主动前提：三组的所有学生都是一组的学生

结论：三组的所有学生都不是二组的学生

根据规则 a_1，被动前提"一组的所有学生都不是二组的学生"中的前项"一组的所有学生"可以确定为被替换项，主动前提"三组的所有学生都是一组的学生"的子项"三组的所有学生"是主动前提的前项，可以确定为替换项。被替换项可以被替换项完全取代，从而得出结论"三组的所有学生都不是二组的学生"。

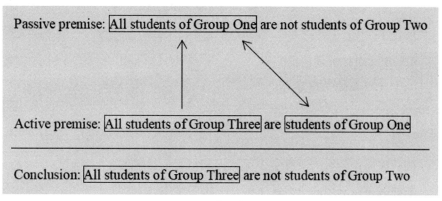

图1　形式1替换图

形式2

A | B（对称被动前提）

〈A〉=ⓒ（A 的子项是ⓒ）

ⓒ | B（结论）

例如：

被动前提：一班的所有学生不是二组的学生

主动前提：三组的一些学生是一班的学生

结论：三组的一些学生不是二组的学生

根据规则 a_1，被动前提"一班的所有学生不是二组的学生"中的前项"一班的所有学生"可以完全替换为其子项"三组的一些学生"（"三组的一些学生"是主动前提"三组的一些学生是一班的学生"的前项），从而得出结论"三组的一些学生不是二组的学生"。

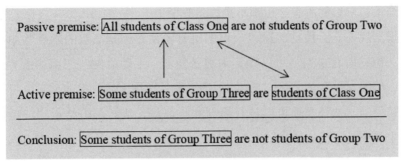

图 2　形式 2 替换图

形式 3

A ｜ Ⓑ（对称被动前提）

〈A〉= C（A 的子项是 C）

C ｜ Ⓑ（结论）

例如：

被动前提：一班的所有学生都认识二组的一些学生

主动前提：三组的所有学生都是一班的学生

结论：三组的所有学生都认识二组的一些学生

根据规则 a_1，被动前提"一班的所有学生都认识二组的一些学生"中的前项"一班的所有学生"可以完全替换为其子项"三组的所有学生"（这是主动前提"三组的所有学生都是一班的学生"的前项），从而得出结论"三组的所有学生都认识二组的一些学生"。

注意，在被动的前提 A ｜ Ⓑ中，后项Ⓑ没有子项，因此没有相应的有效

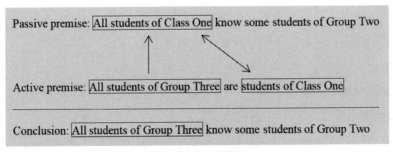

图 3　形式 3 替换图

推理形式。

形式 4

A∣B（对称被动前提）

〈B〉＝C（B 的子项是 C）

A∣C（结论）

例如：

被动前提：一班的所有学生都不认识二班的所有学生

主动前提：三组的所有学生都是二班的学生

结论：一班的所有学生都不认识三组的所有学生

根据规则 a₁，被动前提"一班的所有学生都不认识二班的所有学生"的后项"二班的所有学生"可以完全替换为其子项，即主动前提"三组的所有学生都是二班的学生"的前项"三组的所有学生"，从而得出结论"一班的所有学生都不认识三组的所有学生"。

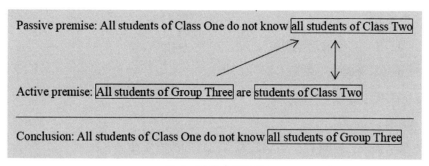

图 4　形式 4 替换图

形式 5

A∣B（对称被动前提）

〈B〉＝ⓒ（B 的子项是ⓒ）

A∣ⓒ（结论）

例如：

被动前提：一班的所有学生都不相信二班的所有学生

主动前提：三组的一些学生是二班的学生

结论：一班的所有学生都不相信三组的一些学生

根据规则 a_1，被动前提"一班的所有学生都不相信二班的所有学生"中的后项"二班的所有学生"可以完全替换为其子项"三组的一些学生"（该子项是主动前提"三组的一些学生是二班的学生"的前项），从而得出结论"一班的所有学生都不相信三组的一些学生"。

注意，结论不能是"一班的所有学生都不相信三组的所有学生"。

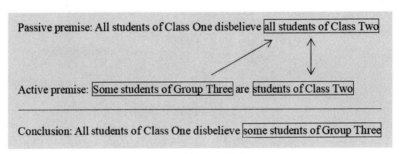

图 5　形式 5 替换图

形式 6

Ⓐ | B（对称被动前提）

〈 B 〉= C（B 的子项是 C）

Ⓐ | C（结论）

例如：

被动前提：一班的一些学生喜欢二班的所有学生

主动前提：三组的所有学生都是二班的学生

结论：一班的一些学生喜欢三组的所有学生

根据规则 a_1，被动前提"一班的一些学生喜欢二班的所有学生"中的后项"二班的所有学生"可以完全替换为其子项"三组的所有学生"（该子项是主动前提"三组的所有学生都是二班的学生"的前项），从而得出结论"一班的一些学生喜欢三组的所有学生"。

注意，在被动前提Ⓐ | B 中，前项Ⓐ 没有子项，因此没有相应的有效推理形式。

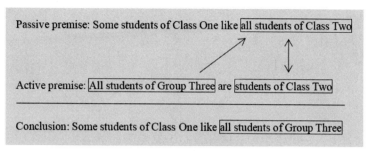

图 6 形式 6 替换图

形式 7

A｜B（对称被动前提）

《A》= C（A 的母项是 C）

Ⓒ｜B（结论）

例如：

被动前提：一组所有学生的分数都高于二组所有学生

主动前提：一组所有学生的分数都属于三班学生的分数

结论：三班一些学生的分数高于二组所有学生

根据规则 a_2，被动前提"一组所有学生的分数都高于二组所有学生"中的前项"一组所有学生的分数"可以不完全地被其母项"三班学生的分数"所取代（该母项是主动前提"一组所有学生的分数都属于三班学生的分数"的后项），从而得出结论"三班一些学生的分数高于二组所有学生"。

注意，结论不能是"三班所有学生的分数都高于二组所有学生"。

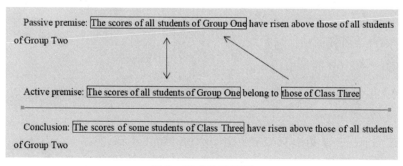

图 7 形式 7 替换图

形式8

Ⓐ｜B（对称被动前提）

《A》= C（A 的母项是 C）

Ⓒ｜B（结论）

例如：

被动前提：一组学生的一些分数高于二组所有学生

主动前提：一组学生的一些分数属于三班学生的分数

结论：三班学生的一些分数高于二组所有学生

根据规则 a_3，被动前提"一组学生的一些分数高于二组所有学生"中的前项"一组学生的一些分数"可以不完全地被其母项"三班学生的分数"所取代（该母项是主动前提"一组学生的一些分数属于三班学生的分数"的后项），从而得出结论"三班学生的一些分数高于二组所有学生"。

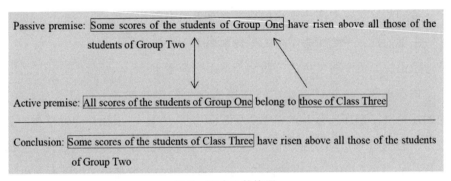

图 8　形式 8 替换图

形式9

A｜B（对称被动前提）

《B》= C（B 的母项是 C）

A｜Ⓒ（结论）

例如：

被动前提：一组所有的学生比一班所有学生年轻

主动前提：一班所有学生都属于二组的学生

结论：一组的所有学生都比二组的一些学生年轻

根据规则 a_2，被动前提"一组所有的学生比一班所有学生年轻"中的后项"一班所有学生"可以不完全地替换为其母项"二组的学生"（该母项是主动前提"一班所有学生都属于二组的学生"的后项），从而得出结论"一组的所有学生都比二组的一些学生年轻"。

注意，结论不能是"一组的所有学生都比二组的所有学生年轻"。

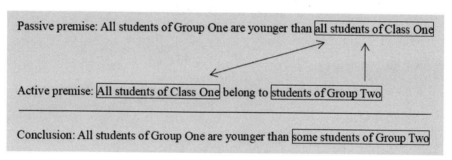

Passive premise: All students of Group One are younger than all students of Class One

Active premise: All students of Class One belong to students of Group Two

Conclusion: All students of Group One are younger than some students of Group Two

图9　形式9替换图

形式 10

Ⓐ｜B（对称被动前提）

《B》= C（B 的母项是 C）

Ⓐ｜Ⓒ（结论）

例如：

被动前提：一组的一些学生不准与二组的所有学生交流

主动前提：二组的所有学生都属于一班的学生

结论：一组的一些学生不准与一班的一些学生交流

根据规则 a_2，被动前提"一组的一些学生不准与二组的所有学生交流"中的后项"二组的所有学生"可以不完全地替换为其母项"一班的学生"（该母项是主动前提"二组的所有学生都属于一班的学生"的后项），从而得出结论"一组的一些学生不准与一班的一些学生交流"。

注意，结论不能是"一组的一些学生不准与一班的所有学生交流"。

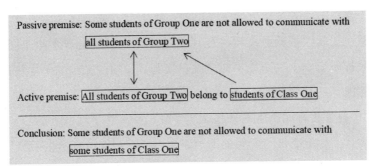

图 10　形式 10 替换图

形式 11

A｜Ⓑ（对称被动前提）

《B》= C（B 的母项是 C）

A｜Ⓒ（结论）

例如：

被动前提：一组的所有学生都准许与二组的一些学生交流

主动前提：二组的所有学生都属于一班的学生

结论：一组的一些学生准许与一班的一些学生交流

根据规则 a_3，被动前提"一组的所有学生都准许与二组的一些学生交流"中的后项"二组的一些学生"可以用其母项"一班的学生"不完全地替换（该母项是主动前提"二组的所有学生都属于一班的学生"的后项），从而得出结论"一组的一些学生准许与一班的一些学生交流"。

注意，结论不能是"一组的一些学生准许与一班的所有学生交流"。

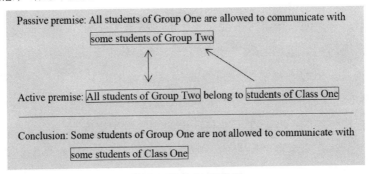

图 11　形式 11 替换图

形式 12

Ⓐ｜Ⓑ（对称被动前提）

《B》= C（B 的母项是 C）

Ⓐ｜Ⓒ（结论）

例如：

被动前提：一组的一些学生必然帮助二组的一些学生

主动前提：二组的所有学生都属于三班的学生

结论：一组的一些学生必然帮助三班的一些学生

根据规则 a_3，被动前提"一组的一些学生必然帮助二组的一些学生"中的后项"二组的一些学生"可以用其母项"三班的学生"来不完全地替换（该母项是主动前提"二组的所有学生都属于三班的学生"的后项），从而得出结论"一组的一些学生必然帮助三班的一些学生"。

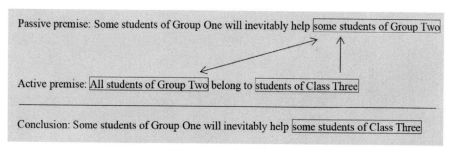

图 12　形式 12 替换图

注意，结论不能是"一组的一些学生必然帮助三班的所有学生"。此外，如果被动前提的后项是单项，则结论的后项也是单项。例如，我们有一个被动的前提："他养了一条狗。"因为"一条狗"的母项可以是"所有的动物"，所以我们可以不完全地用"一个动物"代替"一条狗"，从而得出"他养了一只动物"的结论。

在上述例子中，被动前提都是主动语态。这并不意味着替换系统似乎要求所有前提都是主动语态。根据规则 a_1，我们有以下推论：

①被动前提：一班的所有学生都喜欢二班的所有学生

　　主动前提：三组的所有学生都是二班的学生

　　结论：一班的所有学生都喜欢三组的所有学生

②被动前提：二班的所有学生都被一班所有学生所喜爱

　　主动前提：三组的所有学生都是二班的学生

结论：三组的所有学生都被一班所有学生所喜爱

　　在推理①中，被动前提的全称后项"二班的所有学生"完全被其子项"三组的所有学生"所取代，在推理②中，被动前提的全称前项"二班的所有学生"完全被其子项"三组的所有学生"所取代。在这两个例子中，"喜欢"和"被喜欢"都是对称联项。当具有主动语态的被动前提变为具有被动语态的另一个被动前提时，前提的前项和后项的位置会发生变化，但推理规则不会改变。因此，替换系统并不要求所有前提都是主动语态的。

　　如果一个被动前提搭配两个主动前提，我们就会有更多有效的推理形式。例如：

　　形式 13

　　A ∣ B（对称被动前提）

　　〈A〉= C（A 的子项是 C）

　　〈B〉= D（B 的子项是 D）

　　C ∣ D（结论）

　　形式 14

　　A ∣ B（对称被动前提）

　　《A》= C（A 的母项是 C）

　　《B》= D（B 的母项是 D）

　　Ⓒ ∣ Ⓓ（结论）

　　形式 15

　　A ∣ B（对称被动前提）

　　〈A〉= C（A 的子项是 C）

　　《B》= D（B 的母项是 D）

　　C ∣ Ⓓ（结论）

形式 16

A｜B（对称被动前提）

《A》＝C（A 的母项是 C）

〈B〉＝D（B 的子项是 D）

Ⓒ｜D（结论）

这些形式可以看作由两个三段论组成的混合推理形式。例如，形式 13 可以分解为两个三段论：

A｜B（对称被动前提）

〈A〉＝C（A 的子项是 C）

C｜B（结论）

和

C｜B（对称被动前提）

〈B〉＝D（B 的子项是 D）

C｜D（结论）

（二）不对称推理

不对称推理是指一个不对称的被动前提的前项可以有效地被它的子项所取代，后项可以被它的母项所取代。对于不对称被动前提，我们有以下推理规则。

规则 b_1　全称前项可以完全地替换为其子项，即当其母项被替换时，应保留该子项的量词。

规则 b_2　全称前项不能完全地被其母项所取代，但可以不完全被其母项所取代，即当其子项被替换时，母项的全称量词必须改为特定的。

规则 b_3　特称前项不能完全被其母项所取代，但如果该特项已变成全项，则全项的母项可以不完全地取代该特项。

规则 b_4　后项可以完全地替换为其母项，而不是子项。

根据上述规则，我们有以下有效的推理形式。

形式 17

A／B（不对称被动前提）

〈A〉= C （A 的子项是 C）

C/B （结论）

例如：

被动前提：一班的所有学生都是二中的学生

主动前提：三组的所有学生都是一班的学生

结论：三组的所有学生都是二中的学生

根据规则 b_1，被动前提"一班的所有学生都是二中的学生"中的前项"一班的所有学生"是被替换项，其子项"三组的所有学生"是主动前提"三组的所有学生都是一班的学生"的前项，是替换项。被替换项可以完全地被替换项替代，从而得出结论"三组的所有学生都是二中的学生"。

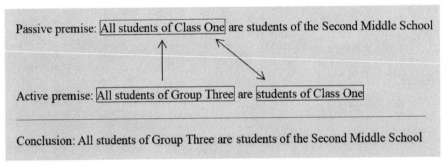

图 13　形式 17 替换图

形式 18

A/B （不对称被动前提）

〈A〉= Ⓒ （A 的子项是Ⓒ）

Ⓒ/B （结论）

例如：

被动前提：所有乌鸦都是鸟

主动前提：一些乌鸦是乌鸦

结论：一些乌鸦是鸟

根据规则 b_1，被动前提"所有乌鸦都是鸟"中的前项"所有乌鸦"可以完全地替换为它的子项"一些乌鸦"（这是主动前提"一些乌鸦是乌鸦"的前项），从而得出结论"一些乌鸦是鸟"。

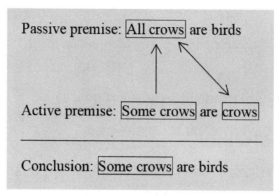

图 14 形式 18 替换图

这个例子有两点值得注意。首先，全项是其特项或单项的母项。"所有乌鸦"是其特项"一些乌鸦"或单项"一只乌鸦"的母项。其次，我们可以选择"一些乌鸦是乌鸦"作为被动前提，然后，根据规则 b_4，用其后项"所有乌鸦"的母项"所有鸟"代替该后项，并得出同样的结论"一些乌鸦是鸟"。

形式 19

A／B （不对称被动前提）

《A》＝C （A 的母项是 C）

Ⓒ／B （结论）

例如：

被动前提：所有乌鸦都是鸟

主动前提：所有乌鸦都是动物

结论：有些动物是鸟

根据规则 b_2，被动前提"所有乌鸦都是鸟"中的前项"所有乌鸦"可以不完全地被其母项"所有动物"所取代（这是主动前提"所有乌鸦都是动物"的后项），从而得出结论"有些动物是鸟"。

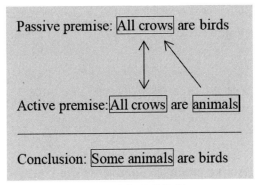

图 15　形式 19 替换图

注意，结论不能是："所有的动物是鸟"。此外，在这个替换系统中可以容纳负项。由于传统的直言推理规则在这个系统中都是有效的，所以我们可以从"有些动物是鸟"中得出"有些动物不是非鸟"的结论，我们也可以通过规则 b_1 得出如下推理：

被动前提：所有非鸟是非乌鸦

主动前提：所有的马是非鸟

结论：所有的马是非乌鸦

然而，有时我们不能从带有负项的前提中直接得出结论。例如，以下前提似乎等于形式 19 案例所示的前提。

被动前提：所有非鸟是非乌鸦

主动前提：所有非动物是非乌鸦

由于"非动物"是"非乌鸦"的子项，根据规则 b_4，我们不能从前提中得出结论。

形式 20

Ⓐ/B（不对称被动前提）

《A》=C（A 的母项是 C）

Ⓒ/B（结论）

例如：

被动前提：一些鸟是乌鸦

主动前提：一些鸟都是动物

结论：一些动物是乌鸦

根据规则 b_3，被动前提"一些鸟是乌鸦"中的前项"一些鸟"可以不完全地被其母项"所有动物"所取代（这是主动前提"一些鸟都是动物"的后项），从而得出"一些动物是乌鸦"的结论。

注意，结论不能是"所有动物都是乌鸦"。此外，如果我们选择"所有鸟都是动物"作为被动前提，"有些乌鸦是鸟"（等于"有些鸟是乌鸦"）作为主动前提，我们将根据规则 b_1 得出同样的结论。

形式 21

A/B（不对称被动前提）

《B》= C（B 的母项是 C）

A/C（结论）

例如：

被动前提：所有乌鸦都是鸟

主动前提：所有鸟都是动物

结论：所有乌鸦都是动物

根据规则 b_4，被动前提"所有乌鸦都是鸟"中的后项可以完全地替换为其母项"所有动物"（这是主动前提"所有鸟类都是动物"的后项），从而得出"所有乌鸦都是动物"的结论。

形式 22

Ⓐ/B（不对称被动前提）

《B》= C（B 的母项是 C）

Ⓐ/C（结论）

例如：

被动前提：一些乌鸦是鸟

主动前提：所有鸟都是动物

结论：一些乌鸦是动物

根据规则 b_4，被动前提"一些乌鸦是鸟"中的后项"所有鸟"可以完全地替换为其母项"所有动物"（这是主动前提"所有鸟都是动物"的后项），从而得出结论"一些乌鸦是动物"。

如果一个被动前提搭配两个主动前提，我们将有以下推理形式：

形式 23

A/B（不对称被动前提）

‹A›=C（A 的子项是 C）

《B》=D（B 的母项是 D）

C/D（结论）

形式 24

A/B（不对称被动前提）

《A》=C（A 的母项是 C）

《B》=D（B 的母项是 D）

Ⓒ/D（结论）

结　语

通过简单的词项替换规则可以给出一个统一的命题推理理论。替换逻辑的概念系统需要进一步探讨。笔者希望在替换推理的演绎模式中将直言推理与关系推理和模态推理整合起来，尽量减少传统逻辑的推理规则，拓展传统三段论的应用范围，使得推理更加接近日常思维习惯。下一步的研究方向是将归纳和类比纳入某种替换规则中，使得替换论可以涵盖更多的思维形式。笔者还希望替换思想不仅能够进一步应用于抽象和形象思维领域，还能够应用于行动方法论的实践领域。人脑的实际思维方式是我们需要继续探索的领域。思维要素的替换是人类思维的基本特征。在实际思维过程中，人脑可能不考虑有效或无效的替换形式，而是通过替换、试错来达到自己的目的。未来，替换论或许可应用于人工智能领域，使得人工智能更加接近人类思维实际。

模态实在论与刘易斯因果反事实理论关联机制探析[*]

陈吉胜　谢佛荣[**]

摘　要： 刘易斯认为模态实在论是其因果反事实分析理论的重要的形上学基础。但模态实在论给因果反事实分析带来了认识论上的困境，且相关问题使得刘易斯从因果依赖转向因果影响，这种变化也意味着实在论的可能世界不再是因果反事实分析的基础，相反，应是因果事件结构约束可能世界的结构。

关键词： 模态实在论　因果反事实分析　可能世界

刘易斯（David Lewis）指出，除律则分析（regularity analyses）之外，休谟关于因果还有另外一种解释，即因果的反事实分析（a counterfactual analysis of causation）。[①] 众所周知，刘易斯进一步发展了因果的反事实分析，但该进路遭到了不少的批评与诘难：如先占（preemption）原因问题、过度

---

* 本文系教育部人文社会科学青年基金项目"因果发现的计算知识论路径研究"（项目编号：22YJC72040002）的研究成果。

** 陈吉胜，博士，华中师范大学马克思主义学院副教授，主要研究方向：逻辑哲学。谢佛荣，博士，南华大学马克思主义学院副教授，主要研究方向：逻辑哲学。

① David Lewis, *Philosophical Papers* Volume II, Oxford University Press, New York, 1986, pp. 159 – 160.

决定（over-decision）问题、后溯（backtracking）因果问题等。

　　本文特别关注刘易斯因果反事实分析的形上学基础，它主要由两个部分构成，一是模态实在论（modal realism）的可能世界框架；二是可能世界之间的整体相似性（over-all similarity）。相似性问题得到了学界较为广泛的关注，且多持批评的态度，如芬恩（Kit Fine）①、本尼特（Jonathan Bennett）②以及杰克森（Frank Jackson）③等。相较于相似性问题，鲜有关于可能世界问题的讨论，本文将侧重于对可能世界基础的考察，并意图指出：模态实在论的可能世界框架并不是因果反事实分析的合适基础；相反，因果关系应是构建可能世界的重要依据之一。

一　因果反事实分析的基本框架

　　刘易斯的因果反事实分析不仅在因果研究的哲学领域产生重要影响（扭转了传统律则分析的统治地位），同时也启发了科学领域的相关研究，如人工智能领域的因果模型理论以及该理论向社会科学领域的渗透。虽然当前有关因果反事实进路的研究（尤其是科学界）由于引入了大量数学工具而表现得十分复杂，但在刘易斯那里，这一思想还是较为直观的，其实质是他的反事实条件句理论对因果理论的应用。

　　刘易斯认为，事件之间的因果依赖（causal dependence）关系实质上就是一种反事实依赖（counterfactual dependence）关系，何为反事实依赖呢？刘易斯首先引入了一个反事实条件句：

　　H1：A□→C

　　H1 的真值规则如下：A□→C 在可能世界 w 中是真的，当且仅当或者

① Kit Fine, "Review of Counterfactuals by David Lewis", in K. Fine, *Modality and Tense*, Oxford University Press, 2005, pp. 357–365.

② Jonathan Bennett, "Counterfactuals and Possible Worlds", *Canadian Journal of Philosophy*, Vol. 4, 1974, pp. 381–402.

③ Frank Jackson, "A Causal Theory of Counterfactuals", *Australasian Journal of Philosophy*, Vol. 55, 1977, pp. 3–21.

①如果不存在 A-世界，① 则该条件句不足道地为真；或者②如果存在 A-世界且某个 C 在其中为真的 A-世界比任何 C 在其中为假的 A-世界都接近于 w。②

（刘易斯认为，最接近 w 的可能世界有时并不是唯一的，因此，②可进一步被明确为：A□→C 在 w 中为真，当且仅当 C 在每一个最接近 w 的 A-世界中为真。）

以 H1 以及对 H1 的真值规定为基础，刘易斯解释了反事实依赖关系。令 A_1，A_2…为一个可能命题序列，且命题两两之间不存在相容关系，令 C_1，C_2…为另一个可能命题序列，如果 A_1□→C_1，A_2□→C_2…均为真，则称 C′s 反事实地依赖 A′s，即或者 C_1 或者 C_2 或者……反事实地依赖或者 A_1 或者 A_2 或者……（此处"或者"做不相容析取理解）。刘易斯也给出了反事实依赖的例释：令 R_1，R_2…为气压计读数，P_1，P_2…为周围环境的大气压，那么，气压计读数就是反事实地依赖周围环境的实际大气压。③

刘易斯进一步地指出事件之间的因果依赖可直接分析为反事实依赖："事件序列 e_1，e_2，…因果地依赖 c_1，c_2，…，当且仅当命题序列 O（e_1）④，O（e_2），…反事实地依赖 O（c_1），O（c_2），…"。⑤ 进而，个别事件之间的因果依赖关系可定义为：e 因果地依赖于 c，当且仅当 O（e）或~O（e）反事实地依赖 O（c）或~O（c）。即 e 是否发生依赖于 c 是否发生，这可由下述两个反事实条件句的真值条件展现出来：

H2：O（c）□→O（e）

---

① 所谓"A-世界"可理解为命题 A 在其中为真的可能世界，亦可理解为事件 A 在其中成立的可能世界。

② w 一般被设定为"我们的现实世界"（our actual world）；为了说明"接近于"（close to）关系，刘易斯引入一个三元关系：w_1 比 w_2 更接近于 w，这可以看作比较相似性（comparative similarity）的一个简化模型。刘易斯也预设每个可能世界与自身是可及（accessible）的，并且比任何其他世界都接近于自身。

③ David Lewis, *Philosophical Papers* Volume II, Oxford University Press, New York, 1986, pp. 164 - 165.

④ O（e）表示"e 发生"。

⑤ David Lewis, *Philosophical Papers* Volume II, Oxford University Press, New York, 1986, p. 166.

H3：~O（c）□→~O（e）

如果 c 和 e 都没有在现实中发生（H3 自动为真，因为前件和后件都为真），那么，e 反事实地依赖 c，当且仅当 H2 为真。类似地，如果 c 和 e 都在现实中发生，那么，e 反事实地依赖 c，当且仅当 H3 为真。

最后，因果依赖可以扩展为因果链：令 c、d、e…为一个别事件序列，d 因果依赖 c，e 因果依赖 d…，从而形成一个因果链。一个事件是另一个事件的原因，当且仅当存在一个从前者导向后者的因果链。①

以上就是刘易斯因果反事实分析的基本理论框架，当然，刘易斯还有一些前提性或补充性的说明，如他关注的是个别事件（particular event）之间的因果关系、他接受决定主义（determinism）的因果观念等，这里不再一一详述，若有必要将在文中予以特别说明。

二 作为因果反事实分析基础的模态实在论

显然，用反事实条件句理论来分析因果关系，也就无法回避可能世界（反事实情境）这一基本概念——无论它是一个语义的还是形上学的概念。刘易斯承认，可能世界是他的反事实条件句理论的基础（虽然备受质疑），②但是，可能世界对于反事实条件句理论（进而对因果理论）究竟起了一个怎样的基础作用（除了直观上提供了一个语义框架），这一点刘易斯并没有直接阐明。芬恩就认为，"可能世界是否是基础性的对于刘易斯的分析来说并不太重要"，因为"关于它们的任何定义都不会导致我们回到反事实条件句"。③ 芬恩在这里关心的是一个循环性问题，即有关相似性的界定本身就涉及反事实条件句的真值条件，但他认为可能世界并不会引起这样的循环。

---

① David Lewis, *Philosophical Papers* Volume II, Oxford University Press, New York, 1986, pp. 166 – 167.

② David Lewis, *Counterfactuals*, Blackwell, UK, Oxford, 1973, p. 84.

③ Kit Fine, "Review of Counterfactuals by David Lewis", in K. Fine, *Modality and Tense*, Oxford University Press, New York, 2005, pp. 357–365.

因此，芬恩这一对可能世界作为反事实分析之基础"不太重要"的评论恰恰揭示了可能世界作为基础的重要性，因为正是可能世界提供了非循环的最终基础——"因为作为刘易斯理论的核心，可能世界间的相似性不能还原为语句集之间的关系。"① 也就是说，可能世界是相似性的最终根基。而刘易斯也确有这样的意图："只有通过将其他世界带入这个理论，我们才能够在任意精确的方式上说什么样的特征使得什么样的反事实条件句为真。其他世界提供了一个参考框架（a frame of reference），通过该框架我们能够刻画我们的世界。"②

这也就不难理解，为什么刘易斯在构建他的反事实条件句理论的同时，对模态实在论加以辩护，③ 后来更是将其发展为"世界的复多性"（the plurality of worlds）理论。根据刘易斯的观点，可能世界具有孤立性或隔离性（isolation）、具体性（concreteness）、充裕性（plenitude）和现实性（actuality）四个重要特征。④ 孤立性是指可能世界之间没有时空关联、没有因果关联。具体性重在强调可能世界与我们的现实世界具有相同的实体性。充裕性是说可能世界占据了整个逻辑可能空间。现实性的核心主张是对"现实的"（actual）一词采用索引性理解，也就是说对于可能世界 w 中的居民来说：w 是现实的。似乎上述特征都与刘易斯的反事实依赖理论或多或少地相关（进而与因果依赖相关）：对现实性的索引性理解是形成可能世界复多性的前提（否则将只存在一个世界），进而才能形成反事实世界；充裕性为反事实依赖提供了分析的可能空间与边界；具体性为可能世界之间的相似性提供了形上学的基础（若两个世界的实体地位不对等，就很难谈"相似性"）。

然而，孤立性给我们带来了一种直观上的冲突：如果一个可能世界与现

---

① Frank Jackson, "A Causal Theory of Counterfactuals", *Australasian Journal of Philosophy*, Vol. 55, 1977, pp. 3-21.

② David Lewis, *On the Plurality of Worlds*, Blackwell, UK, Oxford, 1986, p. 22.

③ David Lewis, *Counterfactuals*, Blackwell, UK, Oxford, 1986, pp. 84-91.

④ David Lewis, *On the Plurality of Worlds*, Blackwell, UK, Oxford, 1986, pp. 69-92.

实世界是因果隔离的，那么，关于现实世界中因果关系的刻画为什么要用到这样的可能世界呢？让我们暂时搁置这个问题，先来看看刘易斯为什么设定可能世界间的因果隔离性："所以是不存在跨世界因果（trans-world causation）的。并且不是因为我规定了一个这样的划界原则，而是作为我关于因果与反事实条件句分析的一个结论。"① 相应的技术分析，这里就不再详述。总之，刘易斯认为：如果因果是可以跨世界的（如原因 A 发生在世界 W_1，而结果 B 发生在世界 W_2），那么，或是不能够确定哪个可能世界是现实世界，或是不能够确定哪个世界是最接近现实世界的可能世界。这表明：跨界因果与刘易斯的反事实条件句分析模型是存在根本冲突的。更重要的是：可能世界间的因果隔离特征是因果与反事实条件句分析的一个结果。但这似乎有违刘易斯强调的可能世界是因果与反事实分析的基础。

（客观来说，即使不是基于反事实条件句理论和对因果的反事实分析，可能世界具备孤立性特征也是正当的。因为模态实在论必须承认可能世界之间的时空与因果的隔离性，否则可能世界就成为现实世界的一部分，也就不存在"可能世界"了。）

总之，模态实在论作为因果反事实分析之基础，体现在两个方面：一是提供了一个基本的语义分析框架，二是奠定了终极的形上学基础。

三 因果获知的反事实分析

前述分析中我们遗留了一个问题：如果一个可能世界与现实世界是因果隔离的，那么，关于现实世界中因果关系的刻画为什么要用到这样的可能世界呢？该问题的动机可归到知识的因果解释主义上。贝纳赛拉夫（Paul Benacerraf）曾向数学的柏拉图主义提出疑问：如果接受数学的柏拉图主义，那么，我们如何获得关于这种数学对象的知识呢？因为他信奉的是因果主义："我赞成知识的因果解释，根据这个解释，X 要知道 S 是真的，则需要

---

① David Lewis, *On the Plurality of Worlds*, Blackwell, UK, Oxford, 1986, p. 80.

在 X 与 S 的名称、谓词和量词之间存在某种因果关联。此外，我相信指称的因果理论……。"① 据刘易斯所说，有学者借用贝纳赛拉夫的这个观点来诘难他：既然可能世界和现实的人以及现实的世界是时空隔离的、因果隔离的，那么，我们就无法依据这样的可能世界确定模态命题的真值条件。② 刘易斯对此的回应是：模态知识与数学知识不需要主、客体之间的因果关联。他的大体论证是这样的：我们的世界存在驴子是一种偶然知识，这是需要因果获知，即因果获知告诉了我们哪个世界是现实世界；某个世界存在驴子是一种必然知识，这是不需要因果获知的，因为因果获知不能告诉我们存在什么样的可能性。③ 其实也就是说，因果获知的重要意义就在于告诉我们哪个世界是我们的现实世界。但是，因果获知既然是一个因果过程，那么，它显然也应服从因果依赖机制。刘易斯是确认这一点的，并指出：任何种类的观察（observation）都是一种偶然事实（one contingent of fact）对另一个偶然事实的依赖。他也以因果反事实的方式分析了视觉经验：

> 视觉经验是一种由其典型的因果作用来刻画的状态，并且它的作用参与双重的因果依赖。视觉经验依赖于眼睛前方的景象（scene），并且主体关于该景象的信念又部分地依赖于他的视觉经验。大体来说，这个经验的内容是其产生的信念的内容。④

> 如果在眼睛之前的景象引起了（cause）相应的视觉经验，该经验作为一个适当的反事实依赖模式的一部分，那么这个主体就看到了；如果眼睛之前的景象引起了相应的视觉经验，且不存在一个合适的反事实依赖模式，那么这个主体就没有看到。⑤

① 〔美〕贝纳赛拉夫：《数学真理》，载〔美〕保罗·贝纳塞拉夫、〔美〕希拉里·普特南主编《数学哲学》，朱水林等译，商务印书馆，2003，第 478 页。

② David Lewis, *On the Plurality of Worlds*, Blackwell, UK, Oxford, 1986, p. 108.

③ David Lewis, *On the Plurality of Worlds*, Blackwell, UK, Oxford, 1986, p. 112.

④ David Lewis, "Veridical Hallucination and Prosthetic Vision", *Australasian Journal of Philosophy*, Vol. 58, 1980, pp. 239-249.

⑤ David Lewis, "Veridical Hallucination and Prosthetic Vision", *Australasian Journal of Philosophy*, 1980, Vol. 58, pp. 239-249.

按照传统观念，通过因果方式所获取的知识是偶然的，因为因果关联被视为经验认知方式的必要特征。[①] 刘易斯接受了这一传统观念，因为他已经明确：偶然知识需要因果获知，且类似于观察的因果获知过程实际上是偶然事实之间的反事实依赖关系。但众所周知，克里普克和普特南等扭转了这一传统观念，他们有力地论证了经验可以发现必然真理，如长庚星是启明星、水是 H_2O 以及热是分子运动等；而在这个论证过程中他们诉诸一个有力的语义学工具即因果指称理论。即使不必过多地纠结于有关这一传统观念的争论，刘易斯确实也要面对这个问题。更重要的问题是，刘易斯认为因果获知可以告诉我们哪个是我们的现实世界，但这一观点似乎面临着严重的困境。这可借用普特南的"孪生地球"思想实验加以分析。孪生地球与地球是高度相似的，可进一步假设孪生地球是与地球最接近的可能世界，由于无论是在地球上，还是在孪生地球上，H_2O（水$_1$）与 XYZ（水$_2$）[②] 使人产生的视觉经验都是相同的（假设孪生地球居民与我们的视觉系统相同），这样，视觉经验如何告诉我们哪个是现实世界呢？这个认识论上的困境其实是由模态实在论导致的，因为如果不存在现实世界之外且与现实世界具有同等实体地位的可能世界，那么，我们就不会陷入这样的困扰。而这个困扰可能进一步导致因果反事实分析的失败。

在上述思想实验中，有这样一个很难否定的直觉——在地球上引起人们那种视觉经验的是水$_1$，但依据刘易斯的反事实分析，这个因果关系有可能不成立。考虑如下反事实条件句：

S1：我看到水$_1$□→我产生那种视觉经验

依据刘易斯的反事实分析，如果 S1 刻画的因果关系成立，则需要下述

---

① Ram Neta, "Causal Theories of Knowledge and Perception", in Helen Beebee, Christopher Hitchcock & Peter Menzies, eds. , *The Oxford Handbook of Causation*, Oxford University Press, New York, 2009, pp. 592-606.

② 这里并未诉诸普特南与克里普克的名称理论，仅把"H_2O"与"XYZ"看作一般指示词；为避免误导，下文使用"水$_1$"与"水$_2$"分别替换这两者，下标的差别仅仅代表地球上的那种液体与孪生地球上的那种液体确实有差别，并且我们并没有预设这种差别足以导致它们被看作两种物质还是一种物质。

条件句成立：

S2：我看到水$_2$（并非［我看到水$_1$］）□→并非［我产生那种视觉经验］

然而，S2 在孪生地球中不成立，因为水$_2$仍然引起了人们的那种视觉经验。刘易斯也意识到了这个问题，所以他强调要保证现实世界中视觉经验的内容丰富性，以排除眼前景象"看不见的方面"（invisible respect），从而使得"不同的景象产生不同的视觉经验"（如果人的眼睛可以看到分子结构，那么，上述反例就不成立）。① 但视觉经验的内容丰富性并不足以避免上述反例的产生，原因如下。第一，内容丰富性与相似性同样是一个模糊的概念，例如，究竟以日常视觉经验为准还是以通过科学仪器获得的视觉经验为准？第二，即使是高度丰富的视觉内容，还是可以反事实地建构"看不见的方面"，因为逻辑空间是充裕的。

有读者可能已经发现，这里的关键环节问题在于"水$_1$"与"水$_2$"究竟是不是同一种物质，从因果分析的角度来看，即"我看到水$_1$"与"我看到水$_2$"究竟是不是同一个（原因）事件，这个问题恰恰困扰着刘易斯。他在讨论中介（intermediate）事件的易碎性（fragility）时曾给出的解决方案是："我的解决方案依赖于这样的假设：如果中介事件——B 的剧烈燃烧——未曾发生，那么 B 根本就不会发生。并非如此：剧烈燃烧将会被微弱燃烧所取代，二者的差别仅在于恰好足以使得它们在量（numerically）上不同。"② 但他同时也说："我们当然不是想让反事实条件句表达这样的意思：如果某个事件未曾发生，一个刚好不同的事件将会取代它。"③可以看到，刘易斯表现出了一定的矛盾态度，因此，很难说他这一方案是成功的。而这一问题后来被他理解为变体（alteration）的关系问题："由于我们在两种变体（alteration）即同一事件不同版本与不同而相似事件之间的区别如此举棋不定，因此

① David Lewis, "Veridical Hallucination and Prosthetic Vision", *Australasian Journal of Philosophy*, 1980, Vol. 58, pp. 239-249.

② David Lewis, *On the Plurality of Worlds*, Blackwell, UK, Oxford, 1986, pp. 210-211.

③ David Lewis, *On the Plurality of Worlds*, Blackwell, UK, Oxford, 1986, p. 211.

我们应该确保这个区别不对我们的分析造成影响。"①

四　从因果依赖到因果影响

那么，刘易斯如何把变体之间令人捉摸不透的关系给因果反事实分析带来的影响降到最低呢？他没有直接去解决这个复杂的关系问题本身，而是从"因果依赖"转向"因果影响"：

> C 和 E 是不同的现实事件，让我们说 C 影响（influences）E，当且仅当存在一个基本的范围 C_1，C_2…，它们是 C 在不太大的程度上的变体（包括 C 的现实变体），并且存在一个 E 的变体范围 E_1，E_2…，至少它们中的某些差别使得：如果 C_1 本已发生（had occurred），则 E_1 本将会发生（would have occurred），如果 C_2 本已发生，E_2 本将会发生，等等。②

可以看到，刘易斯所定义的事件之间的"影响"是对"反事实依赖"的细化，但定义的方式仍然是反事实依赖：结果的改变反事实地依赖于原因的改变。在"影响"的基础之上，就可以进一步定义出因果：C 引起 E，当且仅当存在一个从 C 到 E 的阶梯影响链（a chain stepwise influence）。③

因果依赖和因果影响相比较，其差别在于：前者假定了相同的原因事件，而可能世界④依据相似度形成序列；后者假定了相同的背景可能世界（包含原因事件成立的条件），而原因事件因为程度的改变形成了原因事件

---

① David Lewis, "Causation as Influence", in John Collins, Ned Hall and L. A. Paul, eds., *Causation and Counterfactual*, The MIT Pres, Cambridge, Massachusetts, 2004, pp. 75–105.

② David Lewis, "Causation as Influence", in John Collins, Ned Hall and L. A. Paul, eds., *Causation and Counterfactual*, The MIT Pres, Cambridge, Massachusetts, 2004, pp. 75–105.

③ David Lewis, "Causation as Influence", in John Collins, Ned Hall and L. A. Paul, eds., *Causation and Counterfactual*, The MIT Press, Cambridge, Massachusetts, 2004, pp. 75–105.

④ 这一部分及下一部分，可能世界特指原因事件在其中成立的可能世界。

序列。这里可能存在的问题是：为什么在因果影响中是假定相同的背景可能世界？这是因为，如果不假定背景世界相关因素的恒定性，那么，根据因果影响框架是难以找到真正的原因的，虽然原因事件在某个方面发生了改变，但背景世界如果也有某些改变的话，那么难以肯定地说，结果的改变是由原因的改变导致的（如果结果发生改变）。这也正是因果影响能够解决先占问题的必要前提。[①] 这或许也是有学者将因果影响称为"反事实共变"（counterfactual covariation）[②]的原因。

因果影响理论本身并没有解决变体之间的关系疑难，这一点刘易斯是承认的，不过他的目的也只是将因果依赖改造为因果影响，从而降低这个疑难对因果反事实分析的影响。然而，这个变体的关系疑难却可能使因果影响理论不能够得到合理定义。根据刘易斯的描述，C_1 与 E_1、C_2 与 E_2……之间仍然是反事实依赖（因果依赖）关系——如果是因果影响，则直接陷入循环解释。问题就在于 C_1 与 E_1 之间的反事实依赖如何被定义出？如果每一个反事实条件句都对应一个反事实情景（可能世界），那么就假设 C_1 与 E_1、C_2 与 E_2……分别对应可能世界 W_{C1}，W_{c2}…显然，某些情况下，W_{c2}就是与 W_{C1} 的最接近的世界——换句话说，C_2 是与 C_1 最接近的变体，因为无法再划分出 C_1 的变体范围 C_{11}，C_{12}…（例如探寻某农场麻雀数量与稻谷的产量之间的因果关系，麻雀的数量总是有限的），在这样的情况下，定义 C_1 与 E_1 之间的反事实依赖关系就本质地涉及了 W_{c2}，而 W_{c2}其实就是一个 C_2 世界，换句话说，C_2 就是¬C_1。这意味着 C_1 与 E_1、C_2 与 E_2……之间的反事实依赖存在着循环定义。

这里暂不去追究上述的循环困境是否会威胁因果影响的定义，这个困境带来两个启示。第一，模态实在论承诺的逻辑充裕的可能空间对于因果反事实分析来说，往往是冗余的。有人可能会反驳说，有些时候确实需要用到无

① David Lewis, "Causation as Influence", in John Collins, Ned Hall and L. A. Paul, eds., *Causation and Counterfactual*, The MIT Pres, Cambridge, Massachusetts, 2004, pp. 75-105.

② David Lewis, "Causation as Influence", in John Collins, Ned Hall and L. A. Paul, eds., *Causation and Counterfactual*, The MIT Press, Cambridge, Massachusetts, 2004, pp. 1-57.

穷甚至超穷的可能空间。这就涉及第二个启示：可能世界的结构与大小依赖于事件的构成，或者说受到事件的约束。例如，在定义 C 与 E 之间的因果影响关系时，C 到底能有多少个变体就决定了到底能有多少个可能世界。在因果依赖中，可能世界序列的形成依赖于相似度和"奇迹"（miracle），由于原因事件在每个可能世界中都成立，所以相似度与"奇迹"实际上与原因事件是不相干的。甚至特定相似度的可能世界本身就是存在的，因为模态实在论假定了充裕性。而刘易斯自己也说："当被要求反事实假设 C 没有发生时，我们不是在寻找那个最接近的世界，在其中 C 的发生条件没有完全地被满足。相反，我们想象 C 被完全地、干净地从历史中抽离，没有留下其自身的片段与近似体（approximation）。"①上述分析表明，从因果依赖到因果影响，其背后的可能世界框架同样在发生转变，也就是克里普克所指出的两种可能世界观的差别："我们不是以世界为起点［这些世界被假定是真实的（real），并且是其性质（qualities）而非对象被我们所感知］，然后再提出关于跨世界识别的标准；相反，我们以我们在现实世界中所拥有的、能够识别的对象为起点。"② 当然，克里普克所说的对象在这里应被替换为"事件"。

　　事件之所以能够约束可能性空间，在于它有本质。金在权（Jaegwon Kim）曾指出，刘易斯因果反事实分析的一个重要困境在于，对于因果依赖的刻画来说，反事实依赖过于宽泛。③ 也就是说，表达因果关系与未表达因果关系④的反事实条件句，在因果依赖中并没有得到区别性刻画。例如，虽然"如果没有连续两次地写出'r'，那么就不能写出'Larry'"并不表达因果关系，但是在因果依赖的语义刻画中却无法确定该反事实条件句是否表达因果关系。刘易斯对此类问题的回应策略是：因果反事实依赖刻画的是

① David Lewis, "Causation as Influence", in John Collins, Ned Hall and L. A. Paul, eds., *Causation and Counterfactual*, The MIT Press, Cambridge, Massachusetts, 2004, pp. 75–105.

② Saul Kripke, *Naming and Necessity*, Blackwell, UK, Oxford, 1981, p. 53.

③ Jaegwon Kim, "Causes and Counterfactuals", in E. Sosa, ed., *Causation and Conditionals*, Oxford University Press, New York, 1975, pp. 192–194.

④ 我们在这里并没有严格区分"因果依赖"与"因果关系"，但这不会产生实质性影响。

（独立——笔者注）事件之间的反事实依赖，而虽然如上的反事实条件句刻画了某种反事实依赖，但由于前、后件所刻画的事件之间存在时空重叠，因而不是（独立）事件之间的反事实依赖即因果依赖。① 根据刘易斯的观点，如果两个事件本质相同，或存在逻辑的蕴含关系，或存在时空上的重叠关系等，那么它们就不适用于因果依赖。也就是说，刘易斯承认事件是有本质的，即事件出现的必要条件，如时空区域等。虽然刘易斯指出事件本质的丰富性易导致事件的易碎性，但他还是认为我们平常谈及的原因事件和结果事件都是足够强健的（robust）。② 不管是事件的本质还是强健性，其实都不是一个很清楚的概念。但不管怎样，这一对概念为"变体"之间的关系疑难提供了一种答案，即事件不同的变体之间具有相同的本质。这也就揭示了为什么说事件的本质对可能空间的约束。

相比较而言，在因果依赖中事件对于可能空间就没有这种较强的约束，或许有人会说保证原因事件的成立本身就是一种约束，但是可能世界之间的相似性并不依赖于原因事件，而更多的是自然律的差别（奇迹）。这样，如果一个自然律与原因关联性极小，那么，可能世界序列的构成与原因事件的关联就不大。刘易斯自己也认为，个别事实的相似性对于可能世界之间的相似性并不那么重要。③

五　反思

就刘易斯的因果反事实分析，珀尔（Judea Pearl）和他的伙伴呼吁道：

> 我们根本不需要争论这样的世界是否以物理或者形而上学的实体形式存在。如果我们的目的是解释人们所说的"A 导致 B"，那么我们只

---

① David Lewis, *Philosophical Papers* Volume II, Oxford University Press, New York, 1986, pp. 241 – 269.

② David Lewis, *Philosophical Papers* Volume II, Oxford University Press, New York, 1986, pp. 247 – 250.

③ David Lewis, *Philosophical Papers* Volume II, Oxford University Press, New York, 1986, pp. 48.

需要假设人们有能力在头脑中想象出可能世界，并判断出哪个世界"更接近"我们的真实世界即可。①

珀尔等的这一主张无疑是睿智的，或者说，我们应该关心的是因果的反事实分析方法，而不必过多地关心可能世界究竟是一种怎样的实体。事实上，在刘易斯之后的有关因果的反事实研究进路中，不管是哲学领域还是科学领域，可能世界本身究竟是何种实体这一问题并未成为一个重要问题。但是，可能世界也并未被完全丢弃。例如，在珀尔本人所给出的、用以刻画因果关系和反事实关系的结构模型语义学（structural model semantics）中，一个因果世界（causal world）由序对 $\langle M, u \rangle$ 定义，其中 M 为一个因果模型，u 为背景参量的相对化。② 这说明，可能世界作为一个直观的、便于理解的理论工具，对于因果的解释来说仍然是不可或缺的。问题在于，可能世界在关于因果的反事实解释中究竟该起一个怎样的作用？

在刘易斯的因果依赖理论中，可能世界的结构决定了因果关系的某些特性。但是，可能世界又是什么呢？它无非就是一种反事实情境，至少在刘易斯这里是可以这样去理解的。而反事实情境的设定并不是随意的，刘易斯就指出："根据我的理论也是这样，大多数反事实条件句表达了关于这个世界的偶然命题。"③ 也就是说，反事实情境的设定遵从了现实世界的某种规律性或必然性。那么，因果关系是不是一种必然关系呢？由刘易斯所定义的因果依赖以及因果影响可知，他是愿意接受因果关系的必然性的（至少是一种相对的必然性）。因此，并不是可能世界的结构决定了因果关系的结构，而是因果关系的结构（与其他必然性结构一起）决定了可能世界的结构。这倒不是说，用可能世界去刻画因果关系是不恰当的，而是说，不应该设定可能世界

---

① 〔美〕朱迪亚·珀尔、〔美〕达纳·麦肯齐：《为什么：关于因果关系的新科学》，江生、于华译，中信出版社，2019，第 243 页。

② Judea Pearl, *Causality: Models, Reasoning and Inference*, Cambridge University Press, New York, 2000, p. 207.

③ David Lewis, *Counterfactuals*, Blackwell, UK, Oxford, 1973, p. 69.

的某种较强的刚性特征，并且让因果关系去服从这些刚性特征。事实上，可能世界究竟应该有什么样的特征，重要依据之一就是因果关系究竟是怎样的。更进一步来说，可能世界是用来表达因果关系的，而不是用来解释因果关系的。

计算模拟的表征合理性及可强化框架[*]

计算模拟的表征合理性及可强化框架[*]

杨烨阳　马红梅^{**}

摘　要： 计算模拟是人工智能时代一种重要的科学表征方式，鉴于计算模拟与传统实验具有相同的认知功能，基于实验测量的合理性论证路径对计算模拟的表征合理性进行反思，有助于为计算模拟建立一个可强化的方法论框架。同时，在这个方法论框架中，"验证与证实"方法的运用是关键，模拟运行前需要对验证实验中的认知不确定性和偶然不确定性进行区分，并尽可能为模拟模型提供可靠的数学和物理学论证，因为计算模拟的合理性本质上取决于实验数据所构建的可强化框架。当然，这种方法本身意味着一个不断发展的开放的框架，在不断的表征实践中构建了计算模拟的合理性原则系统：建立稳定的客观性标准、遵守严格的评估性标准、阐明系统的层级性标准。

关键词： 计算模拟　表征合理性　验证实验　可强化框架

---

* 本文系 2020 年度教育部人文社会科学青年基金项目"人工智能语境下科学表征的方法论困境及其趋向研究"（项目编号：20YJC720026）、中国社会科学院实验室孵化专项"人工智能视域下逻辑推理形式复杂性研究"（项目编号：2024SYFH002）的阶段性成果。

** 杨烨阳，哲学博士，山西医科大学马克思主义学院副教授，中国社会科学院逻辑与智能实验室，主要研究方向：人工智能与科学表征。马红梅，博士在读，山西医科大学马克思主义学院讲师，主要研究方向：马克思主义科技观。

计算模拟是一种复杂的表征活动，这主要体现在实验数据和建模框架的复杂性上。计算模拟产生的数据的认知状态，其稳健性相对于实验数据而言是弱化的，但同时其稳健性又超越了基于模型计算而获得的数据结果。那么，计算模拟是否具有充分的合理性呢？尽管计算模拟与传统的实验测量具有相同的认知功能，但这并不意味着计算模拟等同于实验测量。不过，解决计算模拟的表征合理性问题可以借鉴有关实验测量的合理性论证路径。换言之，计算模拟的数据输出在某些情况下类似于实验测量，因为计算模拟的数据有助于对实验测量的结果进行验证。可见，计算模拟数据是现代科学实验测量中不可或缺的一部分，而非完全平行无关的两种科学表征形式。因此，对计算模拟的表征合理性进行考察时，可以将实验测量的规范性问题纳入考察范围。

一　计算模拟的合理性反思

关于计算模拟数据的稳健性，有学者认为我们根本无法从计算模拟中获取任何真正有用的输出，与实验测量有所不同的是，计算模拟只能根据我们输入的数据进行编程从而得出相应的输出数据。换言之，我们并不能基于数学计算或物理论证提取任何新的信息，因为所有信息都已经包含在计算模拟的表征方程中了。但是，实际上很多新的科学知识恰恰是数学论证或物理推理的结果。可见，计算模拟的表征能力及其合理性论证都未能受到足够的重视，计算模拟有助于体现物理系统的特征，尽管这些特征可能隐含在数学方程式中，也就是说，上述异议仅仅对确定性模拟是有效的，而在随机模拟中，计算模拟的输出数据与实验测量的结果一样具有不确定性。

当我们评估计算模拟的表征合理性时，模拟输出中的不确定性也应当被包含在其中，特别是在离散化的过程中信息缺失而导致的不确定性，以及那些与理论模型中的输入参数相关的不确定性。这种不确定性实际上是有关"验证与证实"的方法论问题，包括模拟表征的有效性层次结构，以及用于比较模拟结果与实验数据的验证概念等。虽然计算模拟与实验和模型相比具有相似的方法论特征，但它并不是对实验方法和模型方法的一种混合或者同化。相反，计算模拟具有独特方法论结构和认识论体系。当然，对计算模拟的表征结果的评估首先要考察其认识论依据及其过程中所应用的方法的合理性。

"验证与证实"方法的应用主要是为了使模拟成为一种知识来源，它与实验的"假设和检验"的根本区别在于，它引入新的方法来解决关于模拟的准确性和可靠性的认知问题。然而，在"验证与证实"过程中依然出现了一些困扰：从技术上讲，验证是有效的先决条件，包括确保代码准确地表征目标系统，从而确保计算模拟结果得以有效验证。[①] 埃里克·温斯伯格（Eric Winsberg）从社会科学的视角探讨计算模拟，指出模拟与实验之间的差异性在于，实验实际上是对科学家实际感兴趣的对象进行控制，而模拟则是对一个模型进行实验，而非对某个现象本身进行实验。"验证与证实"的方法更多地关注于结果，而非关注于方法论上的论证过程。[②] 可见，尽管温斯伯格并没有提供更具体的论据，但他对计算模拟中使用"验证与证实"的方法进行了详细的举例说明。大型量子对撞机（LHC）就是通过计算模拟而发现了希格斯玻色子，在只有很少的可用数据和大量重要数据尚未产生的时候，如何验证 LHC 计算模拟的合理性呢？众所周知，哥伦比亚号航天飞机事故是一场模拟灾难，其使用了理想化的理论建模，但建模模型并未充分考虑到泡沫碎片的大小，从而导致了错误的建模参数被输入模拟中，也就导致了错误的输出结果。理论建模的参数旨在模拟小物体（如陨石）对航天飞机的影响，而泡沫翼碰撞条件超出了计算模型的验证范围，因为泡沫的大小是陨石坑验证测试中使用的撞击物体的 400 多倍。此外，还有些不确定性是由舍入误差导致的，即计算中使用的近似值与精确值之间的误差，舍入误差在计算模拟中会经过多个中间步骤从而导致错误被放大，不过，这个问题一般是可控的。

[①] Eric Winsberg, *Science in the Age of Computer Simulation*, University of Chicago Press, 2010, p. 49.

[②] Eric Winsberg, *Science in the Age of Computer Simulation*, University of Chicago Press, 2010, pp. 7–28.

实际上，在计算模拟中，更棘手的不确定性是由建模误差与数值处理误差二者叠加出现所导致的，此时就会涉及"验证与证实"的相关问题。为了厘清这个问题，我们首先需要确定一个"模拟结构"，这个模拟结构包括目标系统的各个部分及其关联性。典型模拟问题的基础是目标系统的概念或数学模型，包含输入数据，如偏微分方程的系数、边界条件等。当然，模拟模型也可以作为一个理论模型，它是在理论原理与数学方程的基础之上构建的，应用了离散化方法。计算模拟的模型结构本质上涉及将一个微积分问题转化为一个算术问题，方法是将连续微分方程转化为离散差分方程。我们可以通过不同方法来实现这个目标，例如有限元方法、有限差分方法、粒子方法等。其中，有限元是结构力学中所有类型分析的首选方法（求解固体或结构动力学中的变形和应力），而计算流体动力学倾向于使用有限差分方法或与分子动力学相关的粒子方法。通过这些方法所构建的计算模型将会被映射到软件指令中，即将运行模拟过程和编程算法等原始数据映射为一组数值解来进行表征。这个过程中任何一个环节中输入数据的错误都可能导致模拟结果的不确定性，这些错误可能是理论建模错误，也可能是离散化过程中的错误，甚至也可能是由不可控的随机过程造成的错误。因此，这就需要我们将可避免的错误和难以避免的错误区分开。例如，编程错误（源代码错误）或者空间离散性不足导致的错误就属于可避免的，这两种错误不仅会影响有关被建模的物理系统的描述准确性，而且还会影响模拟参数及其在离散表征中可能事件的序列。因此，误差导致的不确定性可以被细化为两大类。

其一，偶然的不确定性。与环境相关的物理不确定性（可变性）通常可以减少或避免，通常用概率分布表征，包括结构中的阻尼、随机振动等。例如，1967 年 3 月发生的"托利卡尼翁号"石油泄漏事故的不确定性因素是已知的，因此也是可以解释的，解释所使用的数学方法通常涉及概率分布。此外，不确定性通过模拟过程的传播，由一个发展的良好概率方法论表征，因此，这种不确定性通常与模拟模型中的随机性相关。

其二，认知的不确定性。由于缺乏认知理解而产生的不确定性，可能发生在模拟过程的任何一个阶段。当然，这种不确定性原则上是可以削弱或消除的。然而，当我们并未真正意识到这种不确定性时（例如，当目标系统是无法直接被访问时我们所获得的数据是非常有限的），此时的不确定性将会通过系统传播，从而导致较大的预测偏差。提摩西·特鲁卡诺（Timothy Trucano）指出："一个不确定的输入参数将不仅会导致一种不确定的解决方案，而且还会导致一个不确定的误差。"①那么，在构建概念或数学模型时，如何应对由于理想化或忽略具体特征而产生的不确定性？这其实是科学实践的一个重要问题，因为模拟表征的过程中总会存在一定的理想化情境，当我们应用离散数学模型时也会出现类似的情况，即离散化错误。

不论如何，认知不确定性的量化和传播比偶然不确定性的量化和传播存在的问题要大得多。对于这些不确定性，"验证与证实"的方法论目标是管理不确定性，特别是输入数据中的不确定性，并评估它们对模拟结果的影响。在认知上，"验证与证实"的方法应用中最关键的是方法论本身的稳健性及其在导出模拟结果时所体现的精确性，但是，当可供比较的实验数据稀缺时，我们似乎很难确保"验证与证实"方法的稳健性及模拟结果的精确性。

二　计算模拟的可强化框架

本质上，"验证与证实"方法有助于为计算模拟建立一个可强化的方法论框架。验证是确保理论模型能通过离散化计算模型进行正确求解的过程，这本质上是一个数学问题，在某种意义上关系到两种不同类型的模型之间的关系；证实则是一个物理问题，涉及计算模拟结果与实验数据的比较。那么，在没有适当的实验数据的情况下如何确保计算模型的合理性呢？实际上，恰恰是因为实验数据的稀缺才需要使用计算模拟。因此，如果验证需要对实验数据和模拟输出进行比较评估，那么，我们首先需要对"验证与证

---

① Timothy Trucano, "Guest Editors' Introduction: Verification and Validation in Computational Science and Engineering", *Computing in Science & Engineering*, Vol. 6, No. 5, 2004, pp. 8–9.

实"的整体方法论进行考察，以说明它们对模拟系统整体有效性的不同作用。

首先，所有验证活动都是基于计算模型为理论模型提供合理准确的解决方案的过程。数学误差可以通过输入正确数据而进行纠偏，在模拟运行之前进行充分验证绝对是至关重要的，因此，在验证过程中有几个不同步骤，这些步骤不仅跟计算机代码有关，而且跟其所产生的解决方案有关。计算代码能否提供一个准确的解决方案，主要取决于算法在模拟过程中能否消除源代码中的错误。同时，代码验证还需要识别软件中的错误，这个过程很大程度上是一个整体过程：模拟算法的精确性通常取决于软件代码运行过程的严密性。因为算法验证与代码执行有关，它通常是通过将理论模型的数值解与作为"基准"的高度精确解进行比较而实现的。所谓精确解，是在理论模型中表征偏微分方程的解析解，通常由无穷级数、复积分和渐进展开来表征，因此需要用数值方法来计算。① 然而，问题是解析解只存在于非常简化的物理或几何图形中，而科学计算通常包括具有相对较少精确解的耦合偏微分方程的复杂系统。因此，求解方法是先选择一个解决方案，然后对选择的解决方案进行偏微分方程操作，所选的解就是由原始方程加上附加解析源项组成的修正控制方程的精确解。

其次，在多数情况下，物理上现实的精确解决方案是必需的。例如，评估离散化误差估计器的可靠性。这种情况下可以生成"真实的"解决方案，比如可以使用物理现象的简化理论模型作为生成解决方案的基础，适当的变换可以将偏微分方程系统简化为常微分方程系统。一般而言，计算模拟的认识论框架关注的焦点是原始模型与离散方程之间的过渡问题，以及离散表征是否能接近理论模型，以确保我们得出精确的物理模拟系统。实际上，这意味着计算模拟具有一种可强化的认知框架。具体而言，在代码验证的过程中，作为评估数值算法准确性的基准方程式本身是一种近似模拟，验证的目

---

① William L. Oberkampf and Christopher J. Roy, *Verification and Validation in Scientific Computing*, Cambridge University Press, 2010, pp. 225-234.

标并不是不证自明的，而是需要提供证据以便证明理论模型是由离散数学的计算代码所确定的。然而，在新的情况下，当一个经过严格验证的代码（例如二阶精度）被应用时将会出现新的确定性问题，换言之，如果没有前期的准确性评估，模拟过程中使用已经验证过的代码并不足以确保能得出准确的结果。因为代码验证是不够的，还需要数值解验证，而对输入数据的验证是其中一个重要步骤，包括检查模型选择之间的一致性，以及对生成输入数据的程序进行验证。当然，代码验证与数值解验证这两种方法有一些相似之处，尽管它们并不能实现证明的功能，但在进行验证的过程中仍然假定数值过程是稳定的、一致的和稳健的。不过，二者之间最大的差别是，数值解验证是在不知道正确解的情况下，试图通过代码验证的应用来逼近数值误差。数值误差主要来自偏微分方程数值解中的空间离散和时间离散，以及在数字计算机上使用有限算法而产生的舍入误差，其中，舍入误差通常是截断一个实数以使其适合某种计算过程。在数值误差可被高度预估的情况下，我们可以将其从数值解中去除，这种过程类似于从实验测量中去除已知偏差。

再次，离散误差是最难估计的，它涉及离散方程的精确解和理论模型方程的精确解之间的差异，包括网格质量和分辨率、时间步长等。然而，在许多情况下，精确的解根本是未知的。最重要的是，离散误差通常被用作潜在解并以相同的方式进行传递，科学家往往会依赖于过去数值解的信息。不过，计算模拟的可靠性框架要求潜在的数值解在渐近范围内，这是不容易实现的。[①] 因此，由于误差的真实值通常是未知的，离散化误差通常与认知的不确定性相关，而不是与更直接的数值误差相关。因此，相对于传统实验环境中的分析框架，计算模拟需要建立一个可强化的认知框架，以确保"验证与证实"过程中数值解的稳健性和一致性。虽然验证被归为是一种数学问题，但由于误差估计的主观性，其验证过程具有不确定性。当然，对实验数据的分析也有其自身的问题，但模拟与实验在误差估计和评价方面的这些

---

① William L. Oberkampf and Christopher J. Roy, *Verification and Validation in Scientific Computing*, Cambridge University Press, 2010, p. 317.

差异说明了模拟容易受到误差传递的影响。

如前所述，模拟过程中存在着认知不确定性和偶然不确定性，同时，验证与证实的最大区别在于，前者是一个数学问题，而后者是一个物理问题。因此，误差与不确定性的区别也可以从数学与物理学之间的差异来进行区分。一方面，误差与数学问题转换为数值算法和计算代码有关，已知错误包括舍入、迭代算法的有限收敛等，未知错误则可能出现在模拟运行过程中。另一方面，不确定性通常与定义问题所需的物理输入参数规范有关。实际上，不确定性量化在模拟的验证阶段是至关重要的。一般而言，我们可以在模拟过程的三个阶段中处置不确定性：第一，理论模型的构建及其数学化；第二，模拟模型的离散化和形成；第三，结果的计算及与实验数据的比较。验证过程中主要涉及前两个阶段的不确定性，证实则主要涉及第三个阶段的不确定性。如果在理论模型的数学假设、偏微分方程的初始条件或边界条件、数学模型中的参数生成等过程中出现不确定性，那么，计算模型的使用或运行将导致不确定性被映射到计算结果上，从而导致整个模拟的不确定性增强。

最后，不确定性传递的数学框架依赖于数据的表征。例如，如果数据是用概率分布表征的，那么这种不确定的传递就是一种贝叶斯主义（概率），而隶属函数需要模糊逻辑或集合理论。如果我们想要为验证实践提供一种更合理严格的验证基础，那么这些方法是远远不够的。验证的合理性不仅取决于验证阶段的高度准确性，而且整个验证过程也取决于假定系统的理论模型或数学模型的精确标准。从这个意义上来说，计算模拟是否被恰当地验证就不仅仅是一个纯粹的数学问题。因为至少有一部分与验证相关的不确定性来自输入参数或模型形式的不确定性，因此还需要解决物理方面的问题。"验证与证实"过程中存在着不同形式的误差和不确定性，但这并不意味着过程中所涉及的活动是以一种特殊的方式进行的，也不意味着这个过程必须涉及调优和参数调整。相反，验证与证实的过程中体现了一定的连续性和一致性。如果在证实之前不进行验证，那么，验证所涉及的计算可能会受到抵消效应的影响，算法的缺陷和数值解的不准确可能会在验证计算中相互抵消。

当然，在验证过程中可以发现编码和解决方案错误，但这只意味着在进一步运行之前需要返回并修复错误，否则就无法知道验证结果是否因编码错误或解决方案错误而失真。

尽管"验证与证实"方法具有重要的方法论意义，但这并不意味着这种方法的整体结构有系统性的优势。温斯伯格指出，"验证与证实"并不能像模拟论者所主张的那样可以被严格分离，而且"很少有人会认为模拟模型的结果与预先选择的、理论上可行的模型之间存在某种数学关系"，同时，模拟论者也不能得出"独立于他们的解决方法的结果，为他们最终使用的模型提供良好的依据"① 的结论，事实上，这个观点有一个重要前提是，认为"模拟的认识论更接近实验的认识论"，然而，计算模拟的合理性并不是由可靠的数学理论和分析来支撑的，相反，计算模拟的合理性本质上还依赖于基于实验数据所构建的可强化框架。

三　计算模拟的合理性原则

如前所述，验证意味着要确定计算模型究竟在多大程度上对目标系统进行了准确表征，换言之，验证蕴含着对计算模拟结果与实验数据之间的一致性程度的评估。这里的计算模型本质上是系统的理论模型的离散版本，同时，理论模型是否与实验数据一致，只能通过计算模型的解来确定。验证关注的是数学方程是否得到了正确的解，而证实关注的是计算模型是否得到了正确的表征。那么，计算模拟的合理性原则究竟如何发挥作用呢？实际上，计算模拟的合理性验证涉及两个方面：一是比较实验数据和计算结果，重点在于准确性；二是比较验证与证实对于特定目的的充分性。对于第一个问题，因为验证主要是一个数学问题，因此它本质上是相对客观的，具有稳定的一致性标准。对于第二个问题，不同的科研小组可以根据其预期的目的合理地采用不同的标准进行模型验证。例如，火箭发射或核废料处理的模型设

---

① Eric Winsberg, *Science in the Age of Computer Simulation*, University of Chicago Press, 2010, p. 20.

计就需要极其严格的标准。

首先，计算模拟需要建立稳定的客观性标准。因为在比较实验数据与计算结果时，我们不仅要对理论模型和计算模型中的不确定性进行识别和量化，还要对计算解中的数值误差进行量化，并对实验中的不确定性进行量化，这是对实验数据与计算结果进行对比的基本前提。一般而言，计算结果和实验数据之间的比较是用一些参数范围内的计算量和实验量的图形表征的。如果结果在一定范围内与实验数据基本一致，则认为计算模型是有效的。当然，图形比较中并不存在量化数值解误差或实验数据中的不确定性，相反，图形比较中的不确定性可能来自实验条件的误差、边界条件的变化或实验人员未知的其他条件。由于在计算分析中实验不确定性通常被认为是自由参数，因此可以对其进行调整以获得与实验数据更高的一致性。关于验证所需实验数据的类型还存在一个重要问题，由于目标是测试特定模型的准确性，因此需要准确地指定初始条件、边界条件和模型的其他输入参数，并充分考虑所有测试条件和测量结构。在传统的实验情境中，科学家往往更倾向于加强对特定现象或特定系统的理解、估计模型参数的值、提高模型的表征力。因此，在传统实验设置中，验证所需的实验参数控制是非常必要的。

其次，计算模拟需要遵守严格的评估标准。在验证环节可能会有很多必要参数不可用，因此，现有的实验数据并不足以对模拟进行充分验证。我们首先需要确定严格的验证评估标准，为模拟运行中特定的验证实验提供基本条件，然后，使用验证标准将验证实验的结果与计算模型的解决方案进行比较。验证标准就是对特定量的计算结果和实验测量数据之间的一致性的定量评估，它通常被定义为差分算子，可以产生一个确定的结果，这个结果是一个精确的或不精确的概率分布。例如，验证实验与证实标准在流体动力学的语境中的必要性。[①] 实际上，随着计算模拟这种方法的普遍应用，验证与证

---

① William L. Oberkampf and Christopher J. Roy, *Verification and Validation in Scientific Computing*, Cambridge University Press, 2010, p. 72.

实的方法对于评估被模拟数据具有至关重要的作用。为了充分理解"验证与证实"在确定模拟知识的可信度方面的重要性，我们需要解决两个问题：验证实验的方法与传统实验究竟有什么本质差异？计算模拟中的评估标准是如何被确定的？

一方面，验证实验的目的是以一种定量方法确定模型的表征力及在计算机编码中模拟特定物理过程的表征力，从而确保模拟数据与某个具体域中的编码计算是充分相关的，重点关注模拟实验本身的基本特征。相对而言，传统实验更关注受控环境中的测量过程。换言之，对于计算模拟的验证实验而言，关键是能够对目标环境进行精确的表征，并将模拟模型的所有相关特征都包含在实验中，而受控环境并不是那么重要。当然，与传统实验的相同点在于，确定数据的准确性与精密度都是至关重要的。

另一方面，计算模拟的评估标准涉及数学运算符，用来计算实验测量结果和模拟结果之间的差异。例如，如果计算量和实验量都是概率度量，如概率密度函数或累积分布函数，那么度量也应该是概率度量，应该计算结果和实验数据之间的误差和不确定性，这包括计算模拟中的数值误差、建模过程中的不确定性和误差、实验数据中随机误差估计、由实验参数中的随机不确定性引起的计算不确定性，以及由于缺乏必要的实验测量引起的不确定性。实际上，计算模拟中的表征不确定性往往是由抽样误差导致的，因此，计算模拟的准确性有赖于输入参数，而模拟与实验结果通常是函数形式，例如，P-box 是一种特殊类型的累积分布函数，它代表了所有这些可能函数的集合，这些函数都在规定的范围内。在这种情况下，验证需要对物理子模型中的不确定参数、偏微分方程的初始条件或边界条件进行概率处理，主要通过概率抽样方法（例如蒙特卡罗方法）来提供参数值。

最后，计算模拟需要阐明系统的层级性标准。由于被建模或模拟的系统往往具有规模宏大且结构复杂的特征，在整个系统上进行实验是不切实际的。计算模拟可以对不同层次的复杂系统进行建模表征，模拟系统越复杂其表征的出错率就越高。为此，模拟表征需要根据复杂度建立验证的层级结构，以确定验证实验的顺序并对不同层级进行比较。[1] 其中，空间维度和物理过程的耦合是最常见的需要区分的复杂性类型。顶层系统或"完整系统"层代表整个系统，该层次结构可被分为不同的具体结构、基准标记用例和子系统用例。不同层次系统的表征准确度是大不相同的，模拟的准确性与系统的复杂性成反比。当达到"完整系统"级别时，系统就变得越来越复杂，以至于难以进行精准的参数测量，从而导致我们无法对验证实验进行完整预测。因此，由于不确定性随着层级的上升而增加，我们并不能确保在每个层级进行验证实验都能产生一个完整系统的验证模型。

众所周知，验证的主要目标是确定作为目标系统的计算模型的准确性，并且在模拟运行之前首先就要解决准确性问题。换句话说，验证的层级结构的核心任务是尽可能地确保表征模型中的误差和不确定性得以解释和量化。最高层级结构中的验证实验最具挑战性，验证实验的目的就是要对计算模型中的数字代码相对于目标系统的模拟准确度进行验证，而只关注应用程序驱动的验证可能会导致使用不正确的模型。因为在较高层级的验证实验中的输入数据有限，我们往往需要对偏微分方程的计算子模型、初始条件或边界条件中的不确定参数进行概率化处理。但是，从系统的基准层到较高层结构中的数据都具有较强的不确定性，从而可能会导致验证层次结构中的二阶不确定性。同时，嵌入计算机代码的物理模型对目标系统的模拟是一种近似表征，本质上是一种理想化表征。例如，通过基本过程（原子间势）的分子动力学描述对材料强度特性进行直接数值模拟，其中，"实验"数据本身包括模拟数据，但是，当我们考察计算代码或者计算模型是否真正通过验证实验时，不能假设实验测量比计算结果更准确。由于所有实验数据都有随机（统计）和偏差（系统）误差，因此，验证实验的标准从"正确性"改为"统计上有意义的比较"似乎更恰当。鉴于实验数据的不确定性，验证过程中需要设置一个统计区间，用以反映模型模拟的精确度区间，然后在计算模

---

[1] William L. Oberkampf, Timothy Trucano, Charles Hirsch, "Verification, Validation and Predictive Capability in Computational Engineering and Physics", *Applied Mechanics Review*, Vol. 57, No. 5, 2004, p. 362.

型中使用抽样程序来获得计算结果的概率分布，只要有充分的抽样分布，就可以计算出平均值。最后，我们可以将其与实验测量总体的平均值进行比较。在这个过程中，数值统计区间是基于两个假设之间的数学运算设置的，重点在于获得样本均值。可见，模拟数据和实验数据之间的比较仅限于准确性的评估，而没有涉及任何风险容忍度评估。

结　语

计算模拟合理性表征牵涉到"验证与证实"过程，其关注的是定量的准确性评估，现有的认识论资源远远不能支撑解决模拟的精确度问题。但是，计算模拟的可强化框架有助于为计算模型的合理性提供有力的论证基础。尽管在使用"验证与证实"方法时需要进行数值误差评估，并对影响系统表征的不确定性因素进行有效评估，但这种评估很可能存在有限的实验数据。因此，模拟运行的前提是验证实验，而验证实验的基础则是确定用于测量的特定参数。在现实的复杂模型中，计算模拟中的验证环节往往会由于认知的不确定性和偶然的不确定性而弱化其表征的客观性标准，换言之，于传统的实验室验证一样，基于数字代码运算的计算模拟在合理性评估中也体现出一定的主观性。此外，鉴于科学表征中运用计算模拟的方式不同，"验证与证实"也包含不同的具体技术和策略。例如，在高能物理学中，当科学家发现希格斯玻色子时，需要对模拟环境和实际的物理环境进行充分评估和验证，从而确保关于希格斯玻色子的模拟表征的合理性和稳健性。尽管如此，"验证与证实"方法仍然能够为计算模拟提供一种可强化的框架，因为这种方法本身也是一种不断发展的实践，同时，在不断发展的表征实践中，计算模拟表征的合理性原则得以构建和完善，即建立稳定的客观性标准、遵守严格的评估性标准、阐明系统的层级性标准。

关于逻辑与批判性思维，中小学语文老师着重在关心什么？[*]

杨武金　曾丽娜^{**}

摘　要： 关于逻辑与批判性思维，中小学语文老师非常重视对逻辑学的一些核心概念和基本理论的把握，迫切希望通过对逻辑和批判性思维中的一些基本理论和基本方法的把握来分析和解决科学探究和论文写作中的实际问题，迫切希望通过掌握逻辑和批判性思维的方法来培养和提升中小学生的逻辑思维能力和论证写作能力。

关键词： 逻辑　批判性思维　逻辑思维能力　论证写作能力

　　受北京教育学院邀请，我于 2023 年 6 月 20 日上午，给北京市 30 位从事中小学语文教学的名师和特级教师讲了一堂有问有答的逻辑和批判性思维课。老师们提前两个月认真细致地阅读了我所主编的《逻辑与批判性思维》

　　* 本文系中国人民大学"123"金课建设项目（2021—2025）——通识核心课"逻辑与批判性思维"的阶段性成果。

　　** 杨武金，博士，中国人民大学哲学院教授，博士生导师，主要研究方向：非形式逻辑和批判性思维、中国逻辑史、逻辑哲学。曾丽娜，博士研究生，中国人民大学哲学院，主要研究方向：中国逻辑史。

教材，然后结合他们的课堂教学和人才培养实际提出问题，最后由我作答。其中的 14 名老师总共提出了 30 个问题。我对他们所提出来的这些问题尽力给予回答。下面，我将这些问题和我所做的回答，向大家一一分享。欢迎大家批评指正，希望通过讨论，获得更科学合理的认识，从而更好地推动中小学逻辑教育的发展。

一　如何掌握逻辑与批判性思维中的基本概念

教师 A：

问题一：您主编的《逻辑与批判性思维》一书第 5 页中说"所有的鸟是猫，有些狗是鸟。所以有些狗是猫"，该推理的两个前提都是假的，结论也是假的，但是推理有效。第 21 页中说"有精神病的人不承认自己有精神病。你不承认自己有精神病，所以你有精神病"，前提不能确保结论的真，推理不成立。这两个推理的区别在哪里？

回答：前一个推理是假前提推出假结论，但推理过程是有效的。后一个推理肯定后项从而肯定前项，属于无效的推理。

问题二：您主编的《逻辑与批判性思维》一书在第 101 页中提出，例子 3 和例子 4 即所谓的"完全枚举归纳推理"实质上都是演绎推理，为什么？

回答：所谓实质上，即不是形式上，也就是本质上和演绎推理的必然性质一样。

问题三：休谟问题如何解决？现在学界对此有何最新研究？

回答：用恩格斯的话说，休谟问题从根本上是一个实践问题，应该让实践来回答。学界的研究进展应该不大。

问题四：您主编的《逻辑与批判性思维》一书，第七章第四节中列举了多种论据不足谬误，根据概念划分的要求，多种谬误之间应该是互斥的，但显然其中的谬误是不完全互斥的，这怎么理解？

回答：第七章关于论据不足谬误的划分，并不是很严格，只是出于一种阐述的需要而已。我主张可以从相关性、真实性和充足性三个方面来划分谬误的种类。第七章第二节列举了相关谬误，第三节列举了歧义谬误，其实它们都属于违反相关性要求而出现的谬误。前者是语句相关谬误，后者是概念相关谬误。第四节所说的论据不足谬误，包括了违反真实性要求的谬误和违反充足性要求的谬误。

问题五：为什么"如果你相信组织，你就相信组织的代表"这个预设是不成立的？

回答：用逆否推理即可检验——如果你不相信组织的代表，则你就不相信组织了？

教师 B：

关于"推理和论证"的困惑。您主编的《逻辑与批判性思维》一书第2页中说"逻辑学，即关于推理和论证的学问。这里所讲的'逻辑'，就是指关于推理和论证的学问——逻辑学"。第4页中说"逻辑是关于推理或论证的科学。逻辑属于思维学科，人们的思维活动主要就是推理活动，也就是说，当我们知道一些知识之后，就可以从已经知道的知识出发推出新的知识。善于思维就是要善于推理，学习逻辑也就是要学习怎样进行推理"。目录第1页有"第二章 思维活动中的论证和推理"。那么问题如下。

问题六：逻辑是指推理和论证，还是推理或论证？

回答：显然是推理和论证。

问题七：您主编的《逻辑与批判性思维》一书，先讲的是论证，后讲的是推理，且讲推理的内容多于讲论证的内容。在逻辑学中，是不是推理比论证重要？

回答：应该是论证比推理更重要。重要是在意义和价值层面来说的。

问题八：逻辑思维包括推理、论证，应该还包括比较、分析、综合、概括等。您主编的《逻辑与批判性思维》一书，为什么在探讨逻辑学的概念时只提到了推理和论证？

回答：比较、分析、综合、概括都仅仅是推理和论证过程中的一些方法而已。

问题九：您主编的《逻辑与批判性思维》一书第 17 页第一部分"论证的基本构成要素"最后一段写道"论证是先有论题后找论据来论证，推理则是先有前提然后推出结论。……论证的着重点放在论题和论据的真实性上，……推理本身……着重强调前提和结论之间的逻辑关系"。可见，论证是用论据论证论题，推理是由前提推出结论。为什么第二部分"基本的论证结构"中的几种结构图阐释的都是前提和结论的关系，而不是论题和论据的关系？这是不是应该叫作"基本的推理结构"而非"基本的论证结构"？或者这是否说明了"推理是论证的工具，论证是推理的运用"，"任何论证都需要运用推理"呢？

回答：这正是为了体现推理和论证之间的密切联系。

二　如何通过逻辑与批判性思维的基本方法来分析科学探究和论文写作中的实际问题

教师 C：

问题十：关于"质疑"的疑惑。"质疑"与"提问"在逻辑学里是一个概念吗？如果不是，二者有什么区别？

回答：它们应该是批判性思维中的关键词，但不是逻辑学中的关键词。提问是质疑的方式或体现而已。

问题十一：质疑与批判性思维是什么关系？能否认为"质疑"是"批判性思维"的显性化，"质疑"就等于"批判性思维"？

回答："质疑"是批判性思维的灵魂所在，但不是批判性思维本身。因为批判性思维还包括遵守规范和以建构性为出发点。

问题十二：您主编的《逻辑与批判性思维》一书介绍了训练质疑能力，其中第二章说到了具体方法是"理解"—"思考"—"超越"，请问"超越"与前两个词语是不是一个类型的表达，并且"超越"里也提到了"自主思考"，难道第二步"思考"中不包含"自主思考"吗？

回答："自主思考"在第二步里主要是反思，从对象的反面来加以认识，特别是要突破他人思想的藩篱，在第三步里则主要是思想的自主建构性和创造性认识。

教师 D：

问题十三："弥尔五法"中的求同、存异法和自然科学实验当中的自变量、因变量是否有相通之处？

回答：当然是有的。在培根的三表法和弥尔五法中，尤其是差异表或差异法，本身就是科学实验的重要方法。

问题十四：您主编的《逻辑与批判性思维》一书为什么说论证中的形式谬误和非形式谬误"正如身体之疾病"？

回答：这是一种类比而已。人的思维出现了问题。

问题十五：在您主编的《逻辑与批判性思维》一书，关于洞悉假设一章中，找反例和构造平行论证是同时运用还是依据问题情境选择其一运用？它们的适用对象或范围有何不同？

回答：找反例和构造平行论证应该是依据问题情境择其一运用。通常都是找反例。觉得找反例不方便时，则构造平行论证。因为后者毕竟没有明确指出问题所在。

教师 E：

问题十六：三段论和图尔敏模型的本质区别是什么？

回答：三段论是推理形式，图尔敏模型则是一种组织自己论证的写作框架。后者要用到前者。

教师 F：

问题十七：您主编的《逻辑与批判性思维》一书，为什么没有介绍逻辑学的三大定律？是否是因为它的价值在学界有争议？

回答：逻辑学是关于思维形式、思维规律和思维方法的科学。因为三大规律严格说来属于形而上领域，也就是哲学领域，而且其实质已经蕴藏于思维形式和思维方法中，所以，从实际思维应用上看不必单独列出。

问题十八：在您主编的《逻辑与批判性思维》一书中，"归纳"和"概括"（英文词都一样）有什么区别？语文教学中经常训练的"概括要点"，并不都是归纳推理，对吗？是否也不等于第三章"概念"中的"概括"？

回答：概括这个概念比归纳要宽泛一些，但它也可以属于归纳的一种方法。而且有概念的概括，不比归纳在逻辑上更明确。

问题十九：您主编的《逻辑与批判性思维》一书第六章提到的溯因推理，是否并不限于"实际因果"即"非类型因果"？只要是由结果、现象，倒推原因，包括类型原因，都可以叫溯因推理呢？

回答：溯因推理是以果推因。因果推理还包括以因推果。

三　如何通过掌握逻辑与批判性思维方法来培养中小学生的逻辑和批判性思维能力

教师 G：

问题二十：您主编的《逻辑与批判性思维》一书，在绪论部分指出"批判性思维的主要目的在于建构和建设"，第九章提到论证性写作是批判性思维的一个重要战场。那么，想象写作，尤其是科幻写作，是否也可以看作对现实问题，或自己思维的一种质疑反思和建构？那么，如何在想象写作中，运用批判性思维帮助学生梳理写作思路？

回答：肯定是的。在想象写作中，可以在如何在同中求异和在异中求同，为什么是这样而不是那样等方面多做些考虑。

问题二十一：初中语文写作训练的主战场在记叙文写作，受模式化、套路化写作思路限制，学生写作立意大多浮于浅层思考。是否可以借助归纳推理、演绎思维帮助学生建立深入挖掘、剖析本质的思路，培养提升立意的能力？

回答：肯定是可以的。平时教学中注意分析文章中的是什么、为什么和怎么样三个维度。

教师 H：

问题二十二：如何将批判性思维运用到语文课堂教学中，更好地培育学生的学科思维品质，切实提升学生解决实际问题的能力？例如：如何运用批判性思维指导初中生进行整本书阅读？

回答：学会概括，比如用一句话概括一本书的主旨。这个要求比较高。或者用几句话来阐述一本书。可以先从容易的读物开始。

教师 I：

问题二十三：您主编的《逻辑与批判性思维》一书，第九章"批判性写作"中第五节提供的批判性写作模式是否会导致思维的固化？有没有更多的批判性写作模型可供参考？

回答：批判性写作模式，只是一个大概，并不是僵化的东西，应该不会导致思维的固化。

问题二十四：生活中的批判和书中的批判性写作有什么不同？批判性写作是以什么作为标准确定的？

回答：与生活中的批判不同，批判性写作是为了建构，而不是简单的否定。批判性写作的关键是不要自说自话，而要从事情的反面来思考，其实就是让不同的观点都参与进来。

教师 J：

西城区质量监测相关报告显示，四、六年级每天阅读时间为 1~1.5 小时（含 1.5 小时）的学生在语、数、英期末考试中表现最优，这颠覆了人们传统的认知——"读书越多，成绩越好"。

基于此数据，计划开展以班级为单位的进一步研究，制定指导学生进行课外阅读的方案。第一步，以班级学生总体为样本，重复以上调查。重点关注数据的真实性，即学生每天阅读时长的统计准确性。【意图：运用演绎思维，进一步确认报告数据的真实性。】第二步，对阅读时长在 1~1.5 小时（含 1.5 小时），且学业成绩最优的 10 名学生进行为期一学期的观察、记录、访谈，从阅读内容、阅读时间、阅读方法等维度进行归纳。【意图：运用归纳思维，发现共性，制定任教年级课外阅读策略。】在下一学期，在班级范围中推广课外阅读策略，并通过期末质量监控，分析学业表现欠佳学生使用该项策略后的学业质量表现，重点关注原时长在 0.5 小时及以内和超过 2 小时的学生。【意图：用数据印证策略的有效性。】

问题二十五：请问此研究计划是否具有逻辑性与可行性？

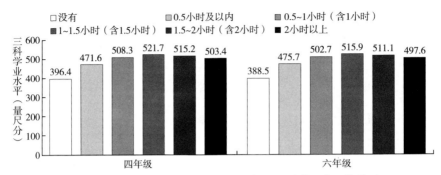

□没有　　　■0.5小时及以内　　　■0.5~1小时（含1小时）
■1~1.5小时（含1.5小时）　　■1.5~2小时（含2小时）　　■2小时以上

图1　西城区四、六年级学生阅读时长与三科学业水平的关系

回答：小学生的阅读时间长短，关键看兴趣。不阅读肯定是不可以的。但多长时间内是有效阅读？对学生阅读的情况如何管理或监督？其实，也就是如何更好地保证这个研究计划的科学性问题。

教师 K：

问题二十六：您主编的《逻辑与批判性思维》一书第 14 页说"知识就是力量"，知识怎么才能高效地变成力量？（提升哪些能力有助于这种转化？）

回答：培根曾经指出，"知识就是力量，但更重要的是运用知识的能力"。人们通常熟知前半句话，而没有重视后半句话。所以，我认为，在知识的传授中，应该多增加案例教学的部分。

问题二十七：请老师从逻辑角度帮忙解读一下"课标"里阐述"思维能力"的这段话，"思维能力是指学生在语文学习过程中的联想想象、分析比较、归纳判断等认知表现，主要包括直觉思维、形象思维、逻辑思维、辩证思维和创造思维。思维具有一定的敏捷性、灵活性、深刻性、独创性、批判性。有好奇心、求知欲，崇尚真知，勇于探索创新，养成积极思考的习惯"。

回答：我们的教育如果只是传播关于是什么的知识，那它传播的就只是一种死知识。所以，知识要活起来，就需进一步多多追问为什么是这样，为什么不是那样，为什么不是别的样子，如果要成为别的样子，那么应该怎么来实现。

教师 L：

问题二十八：演绎推理与创新思维之间有哪些内在联系？

回答：创新思维离不开演绎推理，比如逆否推理的应用，反证法的应用，但又远远不只是演绎推理。

教师 M：

问题二十九：特别想听老师讲一讲批判性思维的进阶发展，比如小学、初中，或按课标中的四个学段，说一说批判性思维的发展进阶、培养思路和评价要点。

回答：小学初中阶段，侧重于在是什么和为什么上，到高中阶段应该侧重于怎么样的问题上。比如，分析文章是如何来讲清楚为什么的，是通过演绎、归纳还是类比，讲的有没有错误等。

教师 N：

问题三十：如何运用小学语文教材初步培养学生的批判意识？

回答：小学语文教材，我认为主要是用来培养孩子的概括能力和批判性分析能力的。比如可以探讨一个故事主要讲的是什么，谁说的更清楚更明确，为什么这个故事是这样的呢，为什么不是那样的呢，某某是一个什么样的人，为什么呢，别人为什么不是这样的人呢。

结　语

综合来看，中小学教师还需要更加全面、深入地学习逻辑和批判性思维的核心概念和基本方法。关于逻辑和批判性思维如何在中小学教学中贯彻下去，中小学教师最为清楚，需要对这些做进一步讨论和深化。培养中小学生逻辑和批判性写作的能力，是逻辑和批判性思维教育和发展的关键所在，需要认真研究、广泛讨论、努力推进。

新文科背景下关于逻辑学教育教学的
几点思考[*]

郭美云　肖　方[**]

摘　要： 在新时代背景下逻辑学理应在新文科建设中发挥自身的学科专业优势和价值。本文认为在大学逻辑学的教育教学中应适应时代发展需要，打造多学科交叉平台；将逻辑学专业与逻辑学课程相区分，打造多层次的大学逻辑课程体系；以学生为中心，根据学生发展需求，开设多种类型的逻辑通识课程；紧跟时代新变化，推进各类逻辑通识教育联盟建设；采取多种形式，普及和推广逻辑的应用。

关键词： 新文科　逻辑学教育教学　逻辑通识课程　逻辑课程体系

一　引言

中国特色社会主义建设已经进入新时代，新文科建设是党和国家面对

---

* 本文系重庆市高等教育教学改革研究项目"新时代哲学新文科建设路径与模式研究"（项目编号：223075）的阶段性研究成果。

** 郭美云，博士，西南大学逻辑与智能研究中心教授、博士生导师，主要研究方向：动态认知逻辑、现代逻辑理论及其应用、人工智能逻辑和哲学。肖方，西南大学逻辑与智能研究中心硕士研究生，主要研究方向：现代逻辑与人工智能。

世界"百年未有之大变局",推动新时代经济社会高质量发展对教育领域提出的新思路和新要求。① 逻辑学是一门具有基础性、工具性和人文性的重要学科,它包含了所有其他科学的基本观念和原理。穆勒在《穆勒名学》中引用培根的话说,逻辑学"是学为一切法之法,一切学之学"。② 在国家倡导"新文科"的大背景下,逻辑学理应在新文科建设中发挥其他学科难以替代的作用。

新文科建设对于推动文科教育创新发展、构建以育人育才为中心的哲学社会科学发展新格局、加快培养新时代文科人才、提升国家文化软实力具有重要意义。2020 年 11 月 3 日,新文科建设工作会议在山东大学召开,会议发布了《新文科建设宣言》。该宣言指出,文科教育是培养自信心、自豪感、自主性,产生影响力、感召力、塑造力,形成国家民族文化自觉的主战场、主阵地、主渠道。③ 其核心是通过专业优化、课程提质、模式创新"三大重要抓手",培养适应新时代要求的应用型复合型文科人才,构建达到世界水平、具有中国特色的文科人才培养体系。新文科的"新模式"主要体现在新学科、新专业和新机制三大方面。首先,新文科要求推进学科融合。"新文科"对文科人才培养提出了新要求,人文社会科学不仅需要在方法论和研究范式上的创新,更需要学科体系和教学模式上的同步改革,④ 突破以学科专业为载体的知识生产方式,由单一学科专业向跨学科、超学科转型,建立跨学科师资队伍和健全跨学科联合培养模式。⑤ 其次,新文科要求促进专业优化。紧扣国家软实力建设和文化繁荣发展新需求,紧跟新一轮科技革命和产业变革新趋势,积极推动人工智能、大数据等现代信息技术与文科专

① 廖祥忠:《探索"文理工艺"交叉融合的新文科建设范式》,《中国高等教育》2020 年第 24 期,第 6 页。
② 〔英〕穆勒:《穆勒名学》,严复译,商务印书馆,1981,第 2 页。
③ 《新文科建设工作会在山东大学召开》,2021 年 1 月 5 日,教育部,http://www.moe.gov.cn/jyb_xwfb/gzdt_gzdt/s5987/202011/t20201103_498067.html。
④ 周毅、李卓卓:《新文科建设的理路与设计》,《中国大学教学》2019 年第 6 期,第 55 页。
⑤ 权培源、段禹、崔延强:《文科之"新"与文科之"道"——关于新文科建设的思考》,《重庆大学学报》(社会科学版)2021 年第 1 期,第 283 页。

业深入融合，积极发展文科类新兴专业，推动原有文科专业改造升级，实现文科与理工农医的深度交叉融合，打造文科"金专"，不断优化文科专业结构，引领带动文科专业建设整体水平提升。最后，新文科要求推动模式创新。以培养未来社会科学家为目标，建设一批文科基础学科拔尖人才培养高地，聚焦应用型文科人才培养，开展法学、新闻、经济、艺术等系列大讲堂，促进学界业界优势互补，聚焦国家新一轮对外开放战略和"一带一路"建设，加强涉外人才培养，加强高校与实务部门、国内与国外"双协同"，完善全链条育人机制。哲学学科内在天然就具有跨学科的特性，对于开展文理交叉融合，培养拔尖创新型人才，哲学具有天然的优势。很多学校以哲学学科为基础成立了新学院、新系科，如 2018 年复旦大学哲学院新设立了科学哲学与逻辑学系，力图实现从"Philosophy of"（对特定领域的哲学研究）到"Philosophy plus"（哲学+）的转变。此外，一些高校还纷纷进行了书院制改革，如 2019 年陕西师范大学成立了全国首个以学科命名的哲学书院（Philosophy College），书院为学校独立设置的二级实体性教学机构，将"哲学+"作为跨学科复合型人才培养理念，打造以经典阅读为核心的哲学通识教育核心课程群，通过精神实验和思想实验，为开展高质量的哲学通识教育和建设本科拔尖创新人才培养试验区作了有益探索和大胆尝试，在国内引起强烈反响。

逻辑学目前作为哲学的一个二级学科，在联合国教科文组织 1974 年公布的七个基础学科——数学、逻辑学、天文学和天体物理学、地理科学和空间科学、物理学、化学、生命科学中位居第二，《大英百科全书》把它列为五门基础学科之一。如何进一步发挥逻辑学在新时代背景下新文科建设中的作用和价值，如何充分发挥逻辑学在提升国家文化软实力和建设新文科中的学科专业优势和作用，是新时代给逻辑工作者提出的时代之问，解决这一问题则是新时代赋予逻辑工作者的责任和使命。本文将在借鉴国内外高校逻辑学人才培养的理论和实践经验的基础上，主要对新文科背景下逻辑学教育教学的路径和模式进行考察。

二 关于大学逻辑学教育教学的一些思考

（一）适应时代发展需要，打造多学科交叉平台

新文科的"新"最后落脚在培养时代新人上。从人才培养的角度看，新文科建设的具体路径主要有：组织领导、制度建设、专业建设、课程建设、师资队伍建设、教材建设、新文科实验室和保障建设等。目前来看，其中跨学科平台建设、通识课程建设、新文科实验室建设有望成为逻辑学专业新文科建设的抓手。

近年来国内不少单位在逻辑学学科的跨学科平台建设方面走在前列。2019 年 12 月，中国社会科学院哲学所建立智能与逻辑实验室，研究涉及人工智能哲学的重大前沿理论问题，特别是人工智能的逻辑基础、人工智能和人类智能在认知科学框架下的哲学探索、人工智能和人类智能的比较研究、人工智能的伦理规范等，为人工智能的健康发展提供理论先导和中国智慧。2021 年 12 月，浙江大学成立"浙江大学—卢森堡大学高等智能系统与推理联合实验室"，围绕逻辑、认知和人工智能文理交叉研究领域前沿核心问题，结合法律、社会服务、医疗、传媒等领域的重大应用需求，发挥双方在逻辑学与人工智能交叉方向的学术和人才优势，建成了一个具有浙大特色、在国际上具有重要影响力的跨学科、国际化创新平台。

在通识教育方面，复旦大学走在前列，2005 年复旦大学成立通识教育研究中心。2006 年，复旦大学在全国率先实施自主选拔录取改革，实现通识教育的培养理念过程和人才选拔理念过程的对接。复旦大学根据通识教育的理念，构建了包含六大模块的通识教育核心课程结构：文史经典与文化传承、哲学智慧与批判性思维、文明对话与世界视野、科技进步与科学精神、生态环境与生命关怀、艺术创造与审美体验。哲学和思维类相关课程在其中占有重要位置。

新文科实验室的建设是新文科建设的重心。陕西师范大学哲学书院建设哲学虚拟仿真实验室、国学体验坊、哲学咨询（治疗）室等，按照学生参与、规律验证、共享共用的原则，既结合现代科技的发展，又体现哲学自身的特点，带给学生新的哲学学习体验。南开大学 2007 年建立"逻辑推理与分析实验室"，在"数理逻辑"课程中，利用软件进行具体教学、展示形式证明，探索现代教育技术应用。[①] 如何建设并发挥逻辑学新文科实验室的作用是一个有待研究的重要问题。

（二）将专业与课程相区分，打造多层次的大学逻辑课程体系

新文科建设的根本是优化课程设置体系。[②] 大力发展逻辑学教育教学，必须夯实课程体系，紧紧抓住课程这一最基础、最关键的要素。我们认为，发展逻辑学教育教学首先要将专业与课程区分开来，然后再讨论不同层次的逻辑课程体系的建设问题。每个学科的知识的生产都有其内在规范、内在逻辑和规律，从事专业研究必须经过严格系统的专业训练，在掌握一定知识体系之后才能生产出被学术共同体认可的新知识，具备很强的专业性。很多课程不能作为一个专业存在，甚至不属于任何专业。那么，作为一门课程，逻辑学如何激发广大学生的兴趣呢？一门课程要么可以满足学生自身身心发展的需要，例如"逻辑与人生""哲学与人生"这类课程，要么可以满足学生职业发展的现实需要，例如写作很难成为一个学科或专业，但面向大学生的相关写作课程深受学生的欢迎。因此，课程只有以学生职业发展和实际需要为目标，才能真正激发学生的好奇心和求知欲。

大学的逻辑学教育教学应以学生为中心，根据授课对象的不同，可分为专业教育和通识教育两大层次。根据授课对象专业的不同，逻辑的专业教育又可分为面向逻辑学专业和面向哲学专业两种。根据授课对象水平的

---

① 李娜：《现代教育技术在"数理逻辑"课程中的应用》，《中国大学教学》2018 年第 12 期，第 61 页。

② 樊丽明等：《新文科建设的内涵与发展路径（笔谈）》，《中国高教研究》2019 年第 10 期，第 12 页。

不同，逻辑学的通识教育又可分为研究生通识教育和本科生通识教育两种。（见图1）

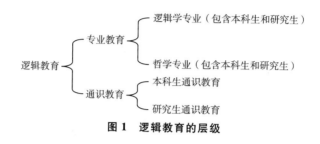

图1　逻辑教育的层级

逻辑学专业教育的目标比较确定，为培养能在逻辑学或相关领域从事创造性研究的高层次专业人才提供专业训练，为培养这类人才打下坚实的专业基础。笔者认为，研究生专业教育的课程体系中至少应包含集合论初步、数理逻辑、模态逻辑、中外逻辑史、逻辑学研究前沿等课程，其中数理逻辑和模态逻辑可以分别开设一年。哲学专业的逻辑课程应坚持现代逻辑的理念，坚持形式化方法，坚持语法和语义分开，以命题逻辑和谓词逻辑的自然演绎系统这两个演算为主，并适当加强语义方法方面的训练，以及可靠性和完全性等元定理的证明。

（三）根据学生发展需要，开设多种类型的逻辑通识课程

逻辑学通识教育课程根据学生的实际需要，其教学目标更加多元，不同的课程有不同的教学目标。据不完全统计，目前开设的逻辑通识课程有"逻辑学""普通逻辑""逻辑学导论""形式逻辑""法律逻辑""逻辑与批创思维""逻辑与批判性思维""逻辑思维与写作""逻辑与论证"等。以上课程大致可区分为四种类型，如表1所示。

表1　逻辑通识课程的分类

逻辑学基础类课程	"逻辑学""普通逻辑""形式逻辑""逻辑学导论"
逻辑与文化素养类	"逻辑与人生"
逻辑与职业发展类	"法律逻辑""管理类联考逻辑课程""公务员考试逻辑课程"

续表

	逻辑与思维能力	"逻辑与批创思维""逻辑与批判性思维"
	逻辑与写作能力	"逻辑思维与写作"
逻辑与能力提高类	逻辑与论证能力	"逻辑与论证"
	逻辑与创新能力	"逻辑与批创思维""逻辑与创新能力培养"
	逻辑与论辩能力	"逻辑与论辩"

逻辑学的通识教育教学与专业教育不同，应突出以学生的培养和发展为中心，持续推动教育教学内容更新，不应以让学生经过逻辑学知识体系训练掌握多少具体逻辑学知识为目标，而应根据学生实际需要，设立不同的逻辑课程。一方面，我们应在开设传统的逻辑学基础类课程的基础上，根据学生职业发展或能力提升需要，与"批判性思维""哲学论证""写作"等其他相关课程积极交叉，大胆尝试，开发更多具有逻辑学特色的通识教育课程。另一方面，即使开设传统的"形式逻辑"通识课程，也不应以教给学生一个包括传统逻辑、命题逻辑和谓词逻辑的知识体系为目标，而应以逻辑知识的应用、逻辑证明的方法等为手段，以提升学生的思维、写作或论证等能力为目标。新文科教育鼓励和支持各高校开设跨学科、跨专业的交叉课程、实践教学课程，培养学生的跨领域知识融通能力和实践能力。我们有理由相信，逻辑与各种能力提升的实践性课程在未来会受到学生的广泛欢迎。

（四）紧跟时代新变化，推进各类逻辑通识教育联盟建设

近年来，一些高校按课程或区域成立各种联盟，这也是新文科教育机制创新的一种宝贵探索。2015年北京大学、清华大学、复旦大学和中山大学4校共同成立"大学通识教育联盟"，迄今为止，已经有60所高校加入了大学通识教育联盟。2013年，西南财经大学联合川渝地区6所"双一流"高校组建了川渝地区通识教育联盟，随后四川农业大学、成都理工大学、四川师范大学、西南政法大学、重庆工商大学、四川美术学院等多所高校先后加入该联盟。

以重庆为例，在建设国内国际双循环相互促进的新发展格局和成渝地区双城经济圈的背景下，探讨如何紧跟时代变化、抓住历史机遇，推进重庆市、成渝地区、西部乃至全国的逻辑通识教育联盟建设，发挥各个高校各自优势，发挥逻辑在新文科建设和人才培养中的作用，这些都是值得研究、探索和努力的方向。

（五）采取多种形式，普及和推广逻辑的应用

联合国教科文组织于 2019 年 11 月在巴黎举行第 40 次大会，正式将每年的 1 月 14 日定为世界逻辑日。1 月 14 日对于逻辑学界是个特别的日子，1901 年 1 月 14 日塔尔斯基诞生，1978 年 1 月 14 日哥德尔去世，他们两位都是人类历史上最伟大的逻辑学家。联合国教科文组织总干事奥黛丽·阿祖莱在致辞中强调，事实上，在 21 世纪，——相较于以往任何时代——逻辑对我们的社会和经济至关重要，更加为这个时代所需要。杜国平指出，我们有必要重新认识逻辑之于知识的奠基规范作用，逻辑之于消歧、社会的良序作用，逻辑之于科学的发轫创新作用等三大价值和功能。①

很多单位和团体采取了多种形式举行世界逻辑日庆祝活动，逻辑思维能力竞赛就是其中之一。厦门大学连续举办了十届逻辑思维能力竞赛，以提高学生的逻辑思维能力与逻辑综合素养，以及推广与普及逻辑学知识为目标。大赛采用赛前构建竞赛原创试题库、设立专用 QQ 群、公众号推出"每日一题"、指导教师提供专业解答等多种方式，在地推时设置益智游戏、侦探推理和逻辑思维等活动，大赛采取初赛、复赛笔试，决赛现场抢答等方式，设置有冠军、亚军、季军和一等奖等。2022 年厦门大学和四川师范大学首次同步举行竞赛，两所学校实际参赛人数都将近 1000 人，这次竞赛产生了广泛的反响。此外，盐城市逻辑学会通过举办逻辑知识大赛和征集年度十大逻辑病例等方式普及逻辑知识，推广逻辑应用。这些都为新文科背景下逻辑学

---

① 杜国平：《逻辑，让世界更理性——庆祝世界逻辑日》，2020 年 1 月 14 日，中国社会科学网，https://www.cssn.cn/zx/zx_rdkx/202212/t20221230_5576125.shtml。

的普及和推广做出了有益的探索。

在新时代背景下，逻辑学理应在新文科建设中发挥自身的学科专业优势和价值。如何充分发挥逻辑学在建设国家文化软实力和新文科建设中的学科专业优势和作用，是新时代给我们逻辑工作者提出的时代之问，解决这一问题则是新时代赋予逻辑工作者的责任和使命，有待于逻辑学界同仁的共同努力和探索。

逻辑学中的从弱原则及其应用[*]

徐召清　黄俊翔[**]

摘　要： 在逻辑学教学中时常遇到自然语言理解和逻辑联结词不匹配的情况。早期的推理心理学中的实验研究也揭示了这类现象的普遍性。《逻辑学导论》采用从弱原则来解释逻辑学家的理论选择，然而对从弱原则的系统阐释还付之阙如。有鉴于此，我们首先探究了从弱原则的含义，其次阐释了在逻辑学中采取"从弱原则"的原因，并从集合论的角度为逻辑学家采取"从弱原则"的合理性提供了一般性的辩护。

关键词： 从弱原则　逻辑表达力　实质蕴涵　相容析取　非经典逻辑

引　言

初学者在理解逻辑联结词（例如：形如"如果……，那么……"的实

---

　*　本文系国家社科基金重大项目"逻辑词汇的历史演进与哲学问题研究"（项目编号：20&ZD046）、四川大学"从0到1"创新研究一般项目"逻辑与元逻辑的关系研究"（项目编号：2022CX33）和四川大学本科生教改项目"科教融合培养哲学拔尖创新人才的研究与实践"（项目编号：SCU10246）的阶段性成果。

**　徐召清，博士，四川大学哲学系逻辑、科学与文化研究所副教授，博士生导师，主要研究方向：哲学逻辑、逻辑哲学和形式认识论。黄俊翔，硕士研究生，四川大学哲学系逻辑、科学与文化研究所，主要研究方向：哲学逻辑和逻辑哲学。

质蕴涵和形如"或者……，或者……"的相容析取）时常常感到困惑。以实质蕴涵为例，初学者往往很容易理解前件为真后件也为真时整个蕴涵式是真的，也能理解前件为真后件为假时整个蕴涵式是假的；他们经常感到困惑的点在于，为何当蕴涵式的前件为假时，整个蕴涵式却是真的。此外，人们在日常语言中使用"或者……，或者……"这样的句式时，往往意味着在两个选项中选择其中一个。但在逻辑学家的定义中，相容析取定义了允许两个析取支都为真的情况，而两个析取支有且只有其中一个为真的情况则是通过不相容析取定义的。

此外，一些认知心理学家也发现人们在推理时常常会犯一些逻辑错误。例如英国心理学家彼得·沃森（Peter Wason）在 1966 年通过实验①来研究人们对于条件句的推理，而这种实验被命名为"沃森选择任务"（Wason Seletion Task）。

沃森最初进行的实验如下。桌子上有四张卡片，每张卡片的两面分别是字母和数字。因为卡片放在桌子上，所以实验对象只能看见卡片的其中一面。实验对象能够看到的卡面分别是"D""B""3""7"。沃森给出一句跟卡面相关的条件句"如果任意一张卡片的一面上是 D，那么它的另一面就是 3"（这个条件句可以形式化为"P→Q"的形式），而且沃森要求实验对象选择需要翻开哪些卡片以检验上述条件句是否为真。实验结果显示，在34 名实验对象中，只有 1 位受试者成功选择了完全正确的选项，即"D"和"7"。②

其他一些心理学家也做了一系列类似的实验。这些实验的结果似乎表明，人们在进行条件句的推理时多少会犯一些逻辑错误。

然而本文认为这并不意味着人们普遍的推理能力存在缺陷。对于人们在推理时出现的这种"错误"，另一种可能的解释是因为逻辑学家在理解和定

---

① P. C., Wason, "Reasoning", in B. M. Foss (ed.), *New Horizons in Psychology* 1, Harmondsworth: Pelican, 1966.

② P. C. Wason, "Reasoning About a Rule", *Quarterly Journal of Experimental Psychology*, Vol. 20, 1968, pp. 273-281.

义"蕴涵"的时候采取了从弱原则，[①] 逻辑联结词本来就和日常语言中的联结词存在差异。

以《逻辑学导论》（中国人民大学出版社，2020）为代表的教科书通常用从弱原则来解释逻辑学家的理论选择，然而对从弱原则的系统阐释还付之阙如。有鉴于此，我们尝试弥补这一不足。首先，我们探究了从弱原则的含义，并从逻辑表达力的角度将其精确化；然后，我们通过对"析取"和"蕴涵"等多个实例的分析，细致地阐释了在逻辑学中采取从弱原则的原因，并从集合论的角度为逻辑学家采取从弱原则的合理性提供了一般性的辩护。总之，从弱原则既可以为逻辑学家的理论选择进行辩护，也可以说明人们常犯"逻辑谬误"并不一定表明人们在推理能力上存在普遍的缺陷。推而广之，从弱原则还有助于澄清经典逻辑和非经典逻辑之间的诸多哲学争论，对从弱原则的反向应用也可以帮助理解当代哲学逻辑研究中的一些新动向。

一　从弱原则及其应用

如果对某些概念的内涵存在强弱不同的解释，逻辑学家往往选择更弱的解释，以此出发来建构自己的逻辑理论。这就是所谓的"从弱原则"。

比如，人们在日常语言中理解"或者……，或者……"这样的句式时，有时将其解释为不相容析取，这意味着在两个选项中只能选择其中一个；有时将其解释为相容析取。例如，父母对孩子说："今天你过生日，咱们晚上或者去吃肯德基，或者去吃必胜客。"父母说这句话是让孩子只能在肯德基和必胜客里选择一家，这采取的是不相容析取的解释。再比如，老师在自习课上对学生说："你们这节课或者做语文作业，或者做数学作业。"在这个例子中，老师说的这句话表示学生既可以做语文作业，也可以做数学作业，当然也可以都做，这采取的是相容析取的解释。在不相容析取的例子中，如

---

① 陈波：《逻辑学导论》，中国人民大学出版社，2020，第106页。

果我们采取相容析取的解释，父母的话仍然是真的；但在相容析取的例子中，如果我们采取不相容析取的解释，话就可能是假的。因此相容析取的解释比不相容析取的解释更弱，逻辑学家一般也采取相容析取的解释。

又如，有两种对于"如果……，那么……"的解释，将其解释为实质蕴涵时更弱，将其解释为实质等值时更强。例如，假设 A 是只在大学 C 读过书的大学生，A 说："如果 B 也在大学 C 读过书，那么 B 是我的大学校友。"在这个例子中，A 所说的这句话实际上等价于"B 也在大学 C 读过书，当且仅当，B 是我的大学校友"。这时，"如果……，那么……"表达的是实质等值的意思。在去掉 A 是只在大学 C 读过书的大学生的假设之后，A 说："如果 B 也在大学 C 读过书，那么 B 是我的大学校友。"在这个例子中，A 可能在 C 大学和 D 大学都读过书，而假设 B 只在 D 大学读过书，在这个"如果……，那么……"句子中前提为假，而结论为真，因此这时"如果……，那么……"表达的是实质蕴涵的意思。逻辑学家对形如"如果……，那么……"的句子一般采取实质蕴涵的解释。

再如，人们对"有些"的解释，有时很弱，意味着"至少有一个"；有时很强，意味着"仅仅有些"。例如，老师对学生们说："这次作业大家总体完成得都不错，就是有些同学没有交。"这时，"有些"指的是很少一部分同学，表达的是"仅仅有些"的意思。在另外的例子中，老师对学生们说："上节课我教授的内容很难，有些同学没有听懂。"这时，可能的情况是所有学生都没听懂，但是只有一部分没听懂的学生课后向老师提问，剩下的学生没有去请教老师。这种情况下，"有些"表达的是"至少有一个"的意思。而逻辑学家一般更倾向于把"有些"解释为"至少有一个"。

那么，逻辑学家如何界定概念的强弱呢？一般来说，强的解释等价于弱的解释加上一些条件，换言之，强的解释可以由弱的解释和附加条件定义出来。准确来说，这里的强弱主要是指表达力的强弱。在强弱不同的解释中，逻辑学家为什么偏爱更弱的解释呢？原因一方面在于强的解释能带来更强的普遍性；另外一方面在于，强弱解释之间具有技术上的不对称性。虽然强的解释可以由弱的解释和附加条件定义出来，但弱的解释却很难通过强的解释和某些附带条件定义出来。

二 采取从弱原则能得到更强的普遍性

可以说对概念的解释的强弱与这种解释的普遍性呈负相关关系。对概念的解释越强，解释的应用范围就越小，普遍性也就越弱；对概念的解释越弱，解释的应用范围就越大，普遍性也就越强。强的解释相较于弱的解释多添加了一些条件，因此适用强的解释要求比适用弱的解释多满足一些条件。强的解释适用于某事物蕴涵着弱的解释也适用于此事物，但弱的解释适用于某事物并不意味着强的解释也适用于此事物。

从集合论的视角来看，如果将满足弱的解释的事物和满足强的解释的事物分别看作集合 A、B，那么属于 B 的元素一定也是属于 A，但属于 A 的元素不一定是属于 B。在此意义上，B 是 A 的子集（B⊆A）。因此，从弱原则所采取的弱的解释能带来更强的普遍性。因为逻辑学家通常期望逻辑能够作为一种普遍适用的工具，所以在强的解释和弱的解释之间，逻辑学家们往往会选取弱的解释。

我们通过一些更具体的例子来说明采取从弱原则的原因。第一个例子是直言命题中的特称量词。在直言命题中，特称命题一般被标准化地表示为"有的（有些/存在）S 是 P"。特称命题中的特称量词（有的、有些、存在）是与全称量词（所有、全部）对偶的概念。因此，特称命题的"量词'有的'或'有些'仅仅表示'至少有些，至多全部'"。[①] 但在自然语言中，我们有时也把"有些"解释为"仅仅有些"，这种情况下"有些"不能等同于"至多全部"。把"有些"解释为"仅仅有些"要比将其解释为"至少有些，至多全部"更强，因此只适用于一些特殊情况，从而在一定程度上缺乏了普遍性。

第二个例子是直言命题中的周延性。陈波教授在《逻辑学导论》中提

---

① 陈波：《逻辑学导论》，中国人民大学出版社，2020，第 105 页。

到，"对于肯定（的直言）命题'所有（或有些）S 是 P'来说，它只断定了某个数量的 S'是 P'，并没有具体说明究竟是全部的 P 还是一部分 P"。①按照从弱原则，我们将谓项"P"解释为"一部分 P"，所以在肯定的直言命题中谓项是不周延的。如果我们不采用从弱原则，那么将谓项解释为"全部的 P"时可能会产生我们不能接受的结果。例如，"所有的人都是动物"这个全称肯定的直言命题，如果我们把谓项"动物"解释为"全部的动物"，那么这个直言命题所表达的意思就变成了"所有的人就是所有的动物"，换言之"所有人都是动物并且所有动物都是人"。然而，"所有动物都是人"显然既不符合科学，也不是我们能够接受的结果。

三段论推理有这样一条规则："前提中不周延的项在结论中也不得周延。"② 如果大项或小项在前提中是不周延的，那么根据从弱原则，在我们通过三段论推理得到的结论中，前提中不周延的项在结论中也不得周延。三段论作为一种演绎推理，前提为真需要保证结论为真，因此结论所断定的范围就不能超出前提所断定的范围。如果前提中不周延的词项在结论中周延了，那么就意味着结论所断定的范围超出了前提所断定的范围。在这种情况下，前提为真就不能保证结论为真，可能出现前提为真但结论为假的情况，从而丧失了三段论推理的有效性。

三 不采取从弱原则会遇到的技术困难

从弱的解释加上一些条件可以定义出强的解释，强的解释却未必能够通过自己及一些额外的条件定义出弱的解释。我们以"蕴涵"和"析取"等逻辑联结词为例，来详细说明不采取从弱原则会遇到的技术困难。

（一）蕴涵与双蕴涵

在自然语言中，我们经常使用充分条件和必要条件来描述两个命题之间

---

① 陈波：《逻辑学导论》，中国人民大学出版社，2020，第 114 页。
② 陈波：《逻辑学导论》，中国人民大学出版社，2020，第 123 页。

的关系。虽然形式逻辑中只有表达充分条件的逻辑联结词蕴涵"→"，没有表达必要条件的逻辑联结词，但是表示必要条件的逻辑联结词（记为"←"）可以由表示充分条件的"→"来定义。Q 是 P 的必要条件（记为"Q←P"）可以定义为 P 是 Q 的充分条件（记为"Q→P"）。当然，反过来充分条件"→"也可以由必要条件"←"定义出来，例如 P 是 Q 的充分条件（记为"P→Q"）可以定义为 Q 是 P 的必要条件（记为"Q←P"）。因此，我们也可以保留必要条件，而省略充分条件。

在描述两个命题之间当且仅当的关系时，形式逻辑经常会采用双蕴涵"↔"作为逻辑联结词。逻辑学家用两个命题之间的双蕴涵"↔"关系解释两个命题的当且仅当关系时，实际上也是在说一个命题为另一命题的充分必要条件。不难看出，把双蕴涵"↔"解释为充分必要条件比把蕴涵"→"解释为充分关系意思更强。因为"P→Q"只要求 P 是 Q 的充分条件，但是"P↔Q"却要求不仅 P 是 Q 的充分条件，而且 Q 也是 P 的充分条件。相比于前者，后者多了对 Q 是 P 的充分条件的要求，因而前者的普遍性比后者更强。从公式的真值上看，一个蕴涵式"P→Q"为真的要求是前件 P 为假或后件 Q 为真，而一个双蕴涵式"P↔Q"为真的要求是 P 和 Q 同时为真或同时为假。当 P 为假，Q 为真时，"P→Q"为真，但"P↔Q"为假。（真值表中，"P→Q"有三行为真，"P↔Q"只有两行为真。）"P→Q"成立的条件比"P↔Q"成立的条件更宽松，从而具有更强的普遍性。

表达充分必要条件的"↔"可以通过表达充分条件的"→"加上一些条件（准确来说，否定联结词"¬"）定义出来，但是"→"却不能通过"↔"定义出来。因此，在技术上逻辑学家也更乐意把蕴涵"→"作为更基础的逻辑联结词。

命题 1：表达充分必要条件的"↔"可以通过表达充分条件的"→"加上一些条件（准确来说，否定联结词"¬"）定义。

证明："P↔Q"可以定义为"（P→Q）∧（Q→P）"。"∧"本身可以通过"→"和"¬"定义出来，"P∧Q"可以定义为"¬（P→¬Q）"，由此"（P→Q）∧（Q→P）"就可以定义为"¬［（P→Q）→¬（Q→

P）］"。

命题 2：事实上，如果不用"¬"，只用"→"是没法定义"↔"的。

证明："↔"的真值表中为真和为假的行数是一样的，而"→"的真值表中为真和为假的行数是不同的，因此只通过"→"是没法定义"↔"的。

命题 3：更一般地，｛→｝不是功能完全的。

证明：假设每个命题变项都是真的，那么可以归纳证明，所有只用"→"构造的公式都是真的。首先，任何命题变项都是真的。其次，假设命题变项 P 和 Q 是真的，那么公式"P→Q"也是真的。最后，假设公式 A 和 B 都是真的，那么公式"A→B"也是真的。然而，有些用"¬"构造的公式却是假的，例如"¬P"。因此，"→"无法定义"¬"，从而｛→｝不是功能完全的。

命题 4：｛↔,¬｝不是功能完全的，因此"↔"和"¬"不能定义出"→"。

证明："P→Q"的真值表中为真和为假的行数不等。可以通过归纳证明，任何只用"¬"和"↔"构造的公式的真值表中为真和为假的行数相等。首先，任何命题变项的真值表都是真和假各一行，所以行数相等。其次，假设公式 A 的真值表中真假行数相等，那么显然¬A 的真值表中真假行数也相等。最后，如果公式 A 和 B 各自的真值表中为真和为假的行数相等，那么 A↔B 的真值表中为真和为假的行数相等。因为当公式 A 和 B 的真值相同时，A↔B 为真；当公式 A 和 B 的真值不同时，A↔B 为假。加之公式 A 和 B 真值相同和不同的行数是一样的，所以任何只用"¬"和"↔"构造的公式的真值表中为真和为假的行数相等。因此，"P→Q"不能用"¬"和"↔"来定义。

命题 5：如果不用"¬"，只用｛↔｝也没办法定义"→"。

证明：假设只用"↔"可以定义"→"。假设"P→Q"可以定义为"φ"，"φ"是只包含"↔"的公式。"φ"的真值表中为真和为假的行数是相同的，但"P→Q"的真值表中为真和为假的行数是不同的。因此，"φ"的真值表中为真和为假的行数既相同又不同，产生了矛盾。所以，只用

{↔} 也没办法定义 "→"。

命题 6：{↔} 不是功能完全的。

证明：假设所有命题变项都是真的，那么可以归纳证明，所有只用 "↔" 构造的公式都是真的。首先，任何命题变项都是真的。其次，假设命题变项 P 和 Q 是真的，那么公式 "P↔Q" 也是真的。最后，假设公式 A 和 B 都是真的，那么公式 "A↔B" 也是真的。然而，有些用 "¬" 构造的公式却是假的，例如 "¬P"。因此，"↔" 无法定义 "¬"，从而 {↔} 不是功能完全的。

总之，用蕴涵加上别的条件可以定义双蕴涵，而用双蕴涵却不能定义蕴涵。所以，如果我们将 "如果……，那么……" 理解为双蕴涵，那就会导致 "蕴涵" 的含义没法表达。相容析取和不相容析取之间的关系也是类似的。

（二）相容析取和不相容析取

此外，在自然语言中人们表达析取时可能会有两种意思，一种是相容析取，另一种是不相容析取。其中不相容析取表达的意思比相容析取更强，相容析取要求一个析取式为真的条件是一个析取支为真或另一个析取支为真，而不相容析取要求一个析取式为真的条件是两个析取支只能有一个是真的。表示相容析取的析取式为真的条件是两个析取支任意一个为真，并且允许两个析取支同时为真；表示不相容析取的析取式为真的条件是两个析取支只能有一个为真，并且两个析取支不能同时为真，即一者为真时另一者必须为假。比较相容析取和不相容析取可以看出，把析取解释为相容析取时意思更弱，包含的范围更广；把析取解释为不相容析取时意思更强，涵盖的范围更窄。按照逻辑中的从弱原则，逻辑学家把相容析取作为更基础的概念和逻辑联结词。另一个重要原因是，从相容析取加上一些条件（准确来说，否定联结词 "¬"）可以定义出不相容析取，但从不相容析取却未必能够定义出相容析取。因此，逻辑学家选取解释更弱的相容析取作为更基础的逻辑联结词。

命题 7："∨"（不相容析取）可以通过"∨"，"∧"和"¬"定义。

证明："P∨Q"可以定义为"（P∨Q）∧（¬P∨¬Q）"。"∧"本身可以通过"∨"和"¬"定义出来，"P∧Q"可以定义为"¬（¬P∨¬Q）"，由此"（P∨Q）∧（¬P∨¬Q）"就可以定义为"¬［¬（P∨Q）∨¬（¬P∨¬Q）］"。

命题 8："P∨Q"可以定义为¬［¬（P∨Q）∨¬（¬P∨¬Q）］。

证明：¬［¬（P∨Q）∨¬（¬P∨¬Q）］与（P∨Q）∧（¬P∨¬Q）是等价的，不过是用否定"¬"和析取"∨"来定义后面这个公式中的合取符号"∧"。

命题 9：事实上，如果不用"¬"，只用"∨"是没法定义"∨"的。

证明：假设每个命题变项都为真，那么可以归纳证明，所有只用"∨"构造的公式都是真的。首先，任何命题变项都是真的。其次，假设命题变项 P 和 Q 是真的，那么公式"P∨Q"也是真的。最后，假设公式 A 和 B 都是真的，那么公式"A∨B"也是真的。然而，有些用"∨"构造的公式却是假的，例如"P∨Q"。因此，如果不用"¬"，只用"∨"无法定义"¬"。

命题 10：｛∨｝不是功能完全的。

证明：前文已证假设所有命题变项都是真的，那么可以归纳证明，所有只用"∨"构造的公式都是真的。然而，有些用"¬"构造的公式却是假的，例如"¬P"。因此，"∨"无法定义"¬"，从而｛∨｝不是功能完全的。

命题 11：｛∨，¬｝不是功能完全的，因此"∨"和"¬"不能定义出"∨"。

证明："P∨Q"的真值表中为真和为假的行数不等。可以通过归纳证明，任何只用"¬"和"∨"构造的公式的真值表中为真和为假的行数相等。首先，任何命题变项的真值表都是真和假各一行，所以行数相等。其次，假设公式 A 的真值表中真假行数相等，那么显然¬A 的真值表中真假行数也相等。最后，如果公式 A 和 B 各自的真值表中为真和为假的行数相等，那么 A∨B 的真值表中为真和为假的行数相等。因为当公式 A 和 B 的真值不同时，A∨B 为真；当公式 A 和 B 的真值相同时，A∨B 为假。加之公式 A 和 B 真值相同和不同的行数是一样的，所以任何只用"¬"和"∨"构造的公式的真值表中为真和为假的行数相等。因此，"P∨Q"不能用"¬"和"∨"来定义。

命题 12：如果不用"¬"，只用 {∨} 不能够定义"∨"。

证明：如果只用"∨"可以定义"∨"。假设"P∨Q"可以定义为"ψ"，"ψ"是只包含"∨"的公式。"ψ"的真值表中为真和为假的行数是相同的，但"P∨Q"的真值表中为真和为假的行数是不同的。因此，"ψ"的真值表中为真和为假的行数既相同又不同，产生了矛盾。所以，只用 {∨} 也没办法定义"∨"。

"蕴涵"和"析取"的特例表明：一般来说，即使 A 可以定义为 B∧C，B 也不一定可以由 A 和 C 来定义。那么，是否存在 A、B 和 C 使得 A 可以定义为 B∧C，而且 B 也可以由 A 和 C 来定义呢？C=T（恒真）时显然可以，因为此时相当于 A 可以定义为 B，那么当然 B 也就可以定义为 A。类似地，如果 B=T（恒真）显然也可以。但除开这两种特殊情况以外就未必了。

我们也可以从集合论的角度来理解这个问题。比如，对任意的集合 A、B、C，如果 A=B∩C，那么是否存在某种集合运算"∗"使得 B=A∗C？答案是否定的。

证明：存在集合 B 和 B'，使得 A= B∩C 并且 A= B'∩C，但 B≠B'。比如，如果 A≠B，只需要令 B'=A；如果 A=B，只需要令 B'=B∪{a}，其中 a∉C。如果存在某种集合运算"∗"使得 B=A∗C，那么 A∗C 的运算结果既可能是 B，也可能是 B'，因此 B 并未被 A∗C 的运算所唯一地定义。[①]

四 扩展性的探讨

前面我们提到，认知心理学家发现的逻辑谬误并不一定说明人们在推理

[①] 该结论也有认识论上的应用。比如，按照威廉姆森（T. Williamson, *Knowledge and Its Limits*, Oxford: Oxford University Press, 2000）的说法，证成是使真信念成为知识的东西。我们可以将其写为"JTB=K"。但是，即使该等式成立，哪怕我们已经确定了其中的 K、T 和 B，我们也没有唯一地确定 J。

能力上存在普遍的缺陷。事实上，在沃森提出沃森选择任务后不久，他与夏皮罗（Shapiro）又做了一场类似的实验。[1] 实验对象能够看到的卡面分别是"Manchester"（曼彻斯特）、"Leeds"（利兹）、"Car"（汽车）、"Train"（火车）。这次，沃森和夏皮罗给出的条件句是"我每次去曼彻斯特都是坐汽车去的"（Every time I go to Manchester I travel by car），换言之"如果我去曼彻斯特，那么我是坐汽车去的"。并且他们要求受试者选择翻开哪些卡片来验证这个条件句的真假。实验结果表明，在16名实验对象中，有10位受试者选择了"曼彻斯特"和"火车"的组合。

再后来，约翰逊（Johnson Laird）等人也做了类似的实验。[2] 他们设计了四个信封，向上的面分别是"密封好的信封"、"未密封的信封"、"50c的邮票"和"40c的邮票"。并且，他们让实验对象从四个信封里选择将哪些信封翻面以检验条件句"如果一封信是密封好的，那么它有50c的邮票"是否为真。在约翰逊等人的实验里，24名参与者中的21人选择了正确的答案，即"密封好的信封"和"40c的邮票"。

从这些实验中可以看出，能够做出正确推理的受试者比例明显高于最初的沃森选择任务中的比例。而少量并未选出正确答案的例子，或许也可以用从弱原则来加以解释。具体说来，即便更多人选择将"如果……，那么……"理解为实质蕴涵，依然可能有少部分人将其理解为双蕴涵。事实上，正如前文的例子展示的那样，这也是自然语言存在的用法。实际上，逻辑学家有时在进行非形式表述时也会用"如果……，那么……"来表示"双蕴涵"，而不是犯了相应的逻辑谬误。比如，"如果 X 满足条件 C，那么我们就将 X 称为 Y"。这时"X 满足条件 C"和"将 X 称为 Y"是实质等值的。再如，逻辑老师在课堂上说："如果你知道问题的答案，那么你举手。"要是此时老师根据学生的举手情况推出有多少学生知道问题的答案，也并不

---

[1] P. C. Wason, D. A. Shapiro, "Natural and Contrived Experience in a Reasoning Task", *Quarterly Journal of Experimental Psychology*, Vol. 23, 1971, pp. 63-71.

[2] P. N. Johnson-Laird, P. Legrenzi, M. S. Legrenzi, "Reasoning and a Sense of Reality", *British Journal of Psychology*, Vol. 63, No. 3, 1972, pp. 395-400.

见得是犯了肯定后件的逻辑谬误。①

结　语

在对于概念的解释上，有的解释更强，有的解释更弱。而逻辑学家在面对不同强度的解释时往往会选择更弱的解释，也就是采取"从弱原则"。因为一般来说，更弱的解释具有更强的普遍性。同时对概念的一些解释可以从另一些解释出发加上一些条件定义出来，但反过来却未必能够成立，在这个意义上说，前者比后者的意思更强。逻辑学家通常选择对概念的更弱的解释，因为这样在取得更大的普遍性的同时，还可以通过技术性的手段将更强的解释定义出来，从而不影响强的解释的意义表达。如果逻辑学家采取对概念的更强的解释，那么就可能导致弱的解释不能被定义，从而不能被表达，而这是逻辑学家所不愿看到的。因此，本文认为从弱原则在逻辑学中是广泛存在的，并且逻辑学家采取从弱原则在这个意义上是合理的选择。

总之，从弱原则既可以为逻辑学家的理论选择提供辩护，也可以说明人们常犯的"逻辑谬误"并不一定表明人们在推理能力上存在普遍的缺陷。推而广之，从弱原则还有助于澄清经典逻辑和非经典逻辑之间的诸多哲学争论，比如，经典逻辑可以看作建立在更弱的非经典逻辑基础之上的哲学理论。另外，对从弱原则的反向应用也可以帮助理解当代哲学逻辑研究中的一些新动向。比如，很多非经典逻辑都可以当作经典逻辑的片段来研究，哪怕是可定义的片段，单独提取出来时也可能具有不同寻常的元逻辑性质。比如，知道是否（knowing whether）可以用知道（knowing that）来定义，但也可以将前者作为初始算子来研究。② 只不过对这些问题的深入探究，不仅需要对本文的从弱原则做一定的概念扩展，而且也需要涉及更多的逻辑技术基础，最好是留待另文探讨了。

---

① 前一个例子来自陈钰博士；后一个例子受到欧阳文飞本科毕业论文初稿的启发。特此致谢！

② J. Fan, Y. Wang, H. van Ditmarsch, "Contingency and Knowing Whether", *The Review of Symbolic Logic*, Vol. 8, No. 1, 2015, pp. 75–107.

激活经典，熔古铸今[*]

—— "中华优秀传统文化系列读物" 著作宗旨

孙中原^{**}

摘　要： 中华优秀传统文化是中华民族的精神家园，有数千年绵延传承的历史，与中国现实文化和世界先进文化融通接轨，是新时代国家上层建筑、意识形态的重要元素与组成部分。商务印书馆出版拙著 "中华优秀传统文化系列读物" 丛书首批 15 种，共 500 多万字，目前该丛书已出齐，受到好评。该丛书的著作宗旨是激活经典、熔古铸今、取精用弘、提要钩玄。丛书用 E 考据（电子数字化考据）与元研究（超越性、总体性研究）方法，多维度、大格局、全方位阐发中华优秀传统文化的本质特征、价值意义与功能作用。这推动了中华优秀传统文化在新时代的创新

＊　本文系 2019 年度国家社科基金冷门 "绝学" 和国别史等研究专项项目 "《墨经》绝学的 E 考据和元研究"（项目编号：19VJX001）的阶段性成果。

＊＊　孙中原，中国人民大学哲学院教授，中国墨子学会顾问，中国墨子学会原副会长，贵州民族大学、燕山大学兼职教授，中国台湾地区东吴大学客座教授，中国逻辑学会监事会监事，中国逻辑学会原副会长，博士生导师，主要研究方向：逻辑、哲学与中国传统文化。出版著作《墨子大辞典》等 80 余种，发表论文 400 余篇。作为首席专家，完成 2015 年国家社科基金后期资助项目 "墨学大辞典"（项目编号：15FZX017）与 2019 年度国家社科基金冷门 "绝学" 和国别史等研究专项项目 "《墨经》绝学的 E 考据和元研究"。

转型，促进研究的现代化、科学化与世界化，表达方式的大众化、普及化与通俗化，凸显中华优秀传统文化的系统性、知识性与逻辑性，使读物富有生动性、趣味性与可读性，力助广大人民群众读懂能用，为振兴中华、民族复兴的旷世伟业提供锐利的思想武器与强大的精神动力。

关键词： 中华优秀传统文化　上层建筑　意识形态　E考据　元研究

一　时代引领，历史使命

高路的《毛泽东与逻辑学》，记录了毛泽东构想："毛泽东不满足于看逻辑学论文，他还希望系统地看全部'专著'；他不满足于只了解'近几年'的讨论情况和各种见解，还希望了解中国'近数十年'的研究概况、认识的历史发展；他不仅对西方的逻辑感兴趣，也想对中国传统逻辑思想有更多地了解。一九五八年他就和周谷城说到过这样的意思。他说最好把古今所有的逻辑书都搜集起来，印成一部丛书，还在前面写几句话，作为按语。"① 周谷城回忆："主席曾对我说过：'最好把所有的逻辑书，不论是新的或旧的，过去的或现在的，一律搜齐，印成大部丛书，在前面写几句按语式的话，作为导言。'"②

笔者1956~1958年在中国人民大学哲学系攻读哲学专业本科，1958~1961年奉调中共中央直属高级党校自然辩证法与逻辑研究生班，师从杨献珍、艾思奇，专攻科学技术哲学与逻辑。

笔者在中共中央直属高级党校逻辑研究生班毕业后，接受学校派遣，到中国科学院哲学社会科学部哲学所逻辑室，师从金岳霖、汪奠基、沈有鼎等教授，专攻中国逻辑史与中国古籍，这奠定了笔者终生从事学术研究的丰厚

---

① 高路：《毛泽东与逻辑学》，载龚育之、逄先知、石仲泉《毛泽东的读书生活》，生活·读书·新知三联书店，1986，第141页。
② 周谷城：《回忆毛主席的教导》，载《毛泽东同志八十五诞辰纪念文选》，人民出版社，1979，第191页。

文献资料基础。1956 年至今，近 70 年，从事学术研究的方向进路，归因于时代引领，转化为笔者力图完成的历史使命——对中国传统逻辑思想有更多了解。

二　数字考据，更上层楼

2001 年 1 月，设在中宣部与国家新闻出版总署的《中华大典》工作委员会和《中华大典》编纂委员会，聘请笔者为《中华大典·哲学典》编委与《中华大典·哲学典·诸子百家分典》副主编兼撰稿人。笔者用电脑高科技，E 考据（电子数字化考据）方法，从 11 亿字的《四库全书》《四部丛刊》电子版，50 亿字的全球最大中文哲学文献资料库"中国哲学书电子化计划"①中，完全归纳，穷尽检索，科学分析，把海量数据纳入现代世界科学分类系统，精编《中华大典·哲学典·诸子百家分典》（563 万字），独撰诸子百家各总部稿（281 万字）（云南教育出版社，2007），储备中国传统文化研究的丰富数据，钻研有年，衍生论著，与商务印书馆合作，切磋打磨，便有了群书丛生，结集面世。

三　知识提升，研究进展

由于学术研究的特殊经历，笔者有幸与商务印书馆结缘共事。数十年知识的提升推展，得益于业已出版的大量中外学术名著精神产品的哺育熏陶。古希腊亚里士多德的《形而上学》，德国哲学家黑格尔的《哲学史讲演录》，传统文化经典《四库全书》《四部丛刊》等鸿篇巨制，作为增进知识智慧的精神食粮，使我受益良多。

笔者长期在中国人民大学及其他多所科研院校兼职授课，积淀了大量学术研究成果。专著《中国逻辑研究》，于 2006 年在商务印书馆出版，2015

---

① "中国哲学书电子化计划"（链接 https：//ctext. org/zhs）：线上开放电子图书馆，历代中文文献最大资料库，收藏文本 3 万多部，共 50 亿字，提供历代传世中文哲学文献，利于读者用电子检索方式查阅古代文献。

年经全国哲学社会科学规划办公室组织专家评审，全国哲学社会科学规划领导小组批准，该书获国家社科基金中华学术外译项目立项，后译为英文，在国外刊行。由笔者和谭家健合作译注的《墨子今注今译》于 2009 年在商务印书馆出版，多次印制，影响深广。

作为首席专家，笔者主持 2015 年国家社科基金后期资助项目"墨学大辞典"，该项目的成果《墨学大辞典》于 2016 年在商务印书馆出版，是首部全面系统的大型墨学工具书，创造性地解释了海内外古今墨学语词，设墨学分科、墨学研究史与墨学研究方法论三编，体现墨学的系统性与整体特质。2019 年全国哲学社会科学规划办公室将之列入社科基金中华学术外译项目推荐选题目录，《墨学大辞典》被译为英文，在国外出版。笔者还完成 2019 年度国家社科基金冷门"绝学"和国别史等研究专项项目"《墨经》绝学的 E 考据和元研究"，该项目成果获得好评。

四　鸿篇巨制，体大思精

从 2012 年至今，笔者陆续与商务印书馆签约，撰写"中华优秀传统文化系列读物"，荟萃 1956 年至今部分研究成果。该丛书首批 15 种，业已面世，全部出齐，概分四类。

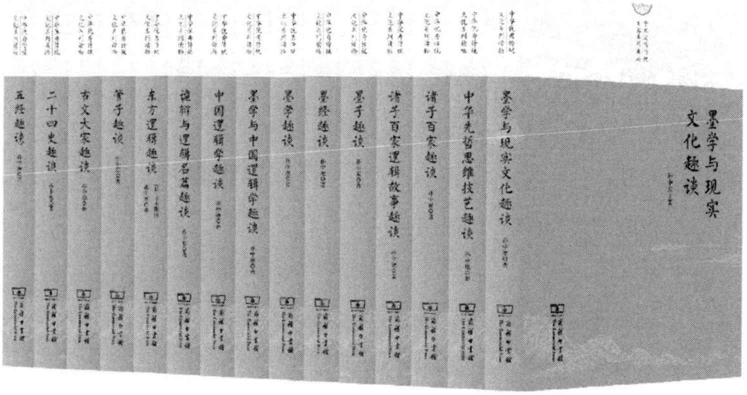

图 1　孙中原著"中华优秀传统文化系列读物"首批 15 种书影

（一）第一类：传统文化"经史子集"元典研究四种

《五经趣谈》《二十四史趣谈》《诸子百家趣谈》《古文大家趣谈》四种，与《四库全书》"经史子集"四部恰相对应，是笔者多年在编撰《中华大典》过程中，通过亿万次检索分析《四部丛刊》《四库全书》等中文古籍数据库的浩瀚资料，荟萃提升的理论结晶。

（1）《五经趣谈》。导引辞："《诗》《书》《礼》《易》与《春秋》，《四库全书》入经部。经部统帅史子集，民族精神儒家术。真知睿智探真谛，提要钩玄务通俗。古为今用精解经，推陈出新撰新书。"该书于2019年在商务印书馆出版。论述儒家核心经典《诗》《书》《礼》《易》《春秋》的深湛义理。"五经"是中国传统学术的主流，中华民族的精神家园，广为传诵，吟咏百代，深刻影响中国的过去、现在与未来。去粗取精，含英咀华，撷取有重大现实意义的范畴与原理，如"中华一统""以民为本""以人为本"等，定量统计，定性分析，概括要义，提升哲理，对今人有重要的启示借鉴功能。

（2）《二十四史趣谈》。导引辞："二十四史，权威巨著。官方认可，正统史书。四部分类，纳入史部。以史为鉴，辉耀千古。""二十四史有系统，时空绵延筑长城。历史长城筑厚基，内容富赡原创性。"该书于2021年在商务印书馆出版。论述二十四史的启示借鉴、名言警句、史家经历、著书过程、精彩片段、闪光亮点、经验教训、人物故事、人文学理与民族精神心理等内容，使其古为今用，观照现实。

（3）《诸子百家趣谈》。导引辞："诸子百家著子书，《四库全书》入子部。传统文化溯源头，国学重镇育华族。真知睿智探真谛，提要钩玄务通俗。古为今用读子书，推陈出新撰新书。""诸子相反亦相成，互相渗透互补充。广收博取兼并蓄，分久必合成一统。"该书于2020年在商务印书馆出版。论述道、儒、墨、法、名、兵、杂、纵横、阴阳、医、天文、农、小说十三家人物、流派、典籍与学说，其思想成果是中国文化的源头，国学的重镇，中华民族的精神家园。论述诸子百家的精彩故事，重要人物流派，典籍学说，阐发真知睿智，领略精湛义理，将之熔铸为中国传统学术与中华民族精神的创新系统。

（4）《古文大家趣谈》。导引辞："浩瀚中华文学史，《四库全书》入集部。楚辞文集诗文评，神妙词曲如串珠。名言警句意深湛，奇思妙想任领悟。古文大家多启迪，革故鼎新著新书。"该书于 2016 年在商务印书馆出版。论述《四库全书》集部古文大家的经典作品及其美学意蕴，涵盖"楚辞、别集、总集、诗文评与词曲"五大部类，凸显其名言警句、精彩片段、人物故事、人文知识与民族精神心理等学术亮点，对今人有重要的启迪借鉴价值。

（二）第二类：墨子、墨家与墨学研究四种

（1）《墨子趣谈》。导引辞："墨子是劳动者的圣人，墨家是劳动者的学派，墨学是劳动者的学说，是儒学的对立面，儒墨互补，同称显学。墨家有突出的科学人文精神，对今日有重要的启示借鉴价值，弘扬墨家的真知睿智，有助于振兴中华，民族复兴。"该书于 2016 年在商务印书馆出版。论述墨家的智慧辩术，墨家学派的形成，在百家争鸣中的重要地位，分为"巧手慧心、哲理新探、舌战方术、智者理国、道德妙语、军事谋略"六大主题，具体与抽象、个别与一般、历史与逻辑相结合，说理透辟，夹叙夹议，深刻体现墨家思维敏捷、谋虑幽深、技巧多能、辩才无碍等智慧素养，弘扬《墨子》元典精华，有助于深刻理解墨家的学术贡献。

（2）《墨学趣谈》。导引辞："墨学是劳动者的学说，国学的瑰宝，与儒学相反相成，对立互补，并列同显。复兴重振墨学，助益振兴中华，民族复兴。弘扬墨学的科学人文精神，彰显墨学的强大生命活力与深刻理论魅力，是中国学术的重点难点，热点焦点与学术增长点。"该书于 2017 年在商务印书馆出版。论述墨学的知识启迪，展开墨学的分科研究，析论墨家的经济、政治、伦理、教育、哲学、逻辑、自然科学与军事学理，探索墨学的渊源流变、深远影响，由分析而综合，运用逻辑与历史相统一的方法，全面系统论述墨家学说。

（3）《墨学与中国逻辑学趣谈》。导引辞："墨学与中国逻辑学，有深刻必然的内在联系。逻辑学是墨学的构成与认知宣传方式。墨学是中国传统文化的重镇。《墨经》是世界顶级的逻辑元典，《小取》是中国逻辑的专业论文，教学大纲，世界公认，与亚里士多德逻辑、印度因明，三足鼎立，并列同辉。"该书于2017年在商务印书馆出版。阐发墨学与中国逻辑学的内在联系、学理精意、前沿课题与学术增长点，论证墨学的构成与认知宣传方式是逻辑，是推介中国逻辑史的重要典籍。

（4）《墨学与现实文化趣谈》。导引辞："墨学与世界现实文化联通接轨，促进墨学的创造性转化，创新性发展，践履墨学研究的现代化，科学化与世界化，推进传统诠释的大众化、普及化与通俗化。"该书于2022年在商务印书馆出版。论述墨学与世界现实文化的联通接轨，是2019年度国家社科基金冷门"绝学"和国别史等研究专项项目"《墨经》绝学的E考据和元研究"的阶段性成果。用现代科学方法，全方位，大视野，系统展示墨学博大精深的理论体系，详论墨子创说、后学创新、微型百科全书《墨经》十八门学科的范畴与原理，分论墨家自然科学五门、人文社会科学十三门，体现新时代中国传统文化的创新转型。

（三）第三类：中国逻辑研究五种

（1）《中国逻辑学趣谈》。导引辞："先秦辩学成系统，墨家逻辑树典型。名辞说辩有规律，人类逻辑本质同。同类同情同概念，范畴原理相融通。学业专攻七十年，对象元研有提升。海峡两岸遍流传，现实未来可传承。"该书于2016年在商务印书馆出版。论述中国逻辑的理论、历史与现实，分析中国逻辑的体系、内容与特点，揭示中国逻辑产生发展的历程，以《墨经》《荀子·正名》《公孙龙子·名实论》为三大支柱，全面系统阐发大家巨擘的逻辑贡献。

（2）《诡辩与逻辑名篇趣谈》。导引辞："中国台湾大学教授李贤中2007年11月题辞：历史上有哪些诡辩故事？有哪些逻辑名篇？本书论述中国古代诡辩与逻辑名篇，条分缕析，趣味盎然。""北京大学教授张岱年

1992 年 1 月题辞：中国有许多诡辩与逻辑名篇，旨意渊湛，发人深思，沁人神智，是珍贵的学术遗产，可以玩味吟咏。本书著论诡辩与逻辑名篇，诠释剖析，对了解中国古代逻辑思想，大有裨益。"该书于 2018 年在商务印书馆出版。赏析历代名家逻辑与诡辩奇文的深邃理趣，分析名家辩者惠施、公孙龙等人的雄辩与诡辩故事，论述其对中国逻辑产生的前导刺激作用，解读诸子大家的逻辑名篇，纵论中国逻辑的产生机理、发展进程。

（3）《诸子百家逻辑故事趣谈》。导引辞："逻辑抽象费思索，典故事例意生动。名人典故涵精义，事例逻辑意显明。精选典故如串珠，撷取事例意恢弘。生动故事涵逻辑，抽象寓在具体中。个别事例抽一般，逻辑存在现实中。"该书于 2017 年在商务印书馆出版。论述诸子百家元典的逻辑应用事例，撷取历代大家精彩隽永的逻辑故事，阐发古圣先贤的逻辑智慧，展现中国逻辑发展的精美画卷、中国逻辑学家承上启下的宏伟格局，助益领略前人的逻辑思想。

（4）《中华先哲思维技艺趣谈》。导引辞："中华先哲倡思索，思维技艺多案例。具体事例显规律，案例之中涵逻辑。概括总结成体系，中国逻辑呈大器。"该书于 2022 年在商务印书馆出版。论述中华先哲的思维表达技巧，用电子数字化的检索手段，从传统文化元典《四库全书》《四部丛刊》等特大型中文数据库，精选中华先哲思维技艺的典型案例，从中华先哲思维表达的实际出发，针对历代经济、政治、思想、文化、科学、教育与法律等社会生活各领域的逻辑应用，围绕逻辑核心内容"概念、命题、论证、规律与方法"，分析其思维表达技艺，阐发其逻辑认知意涵，凸显其现代价值意义，促进逻辑认知的推广应用。

（5）《东方逻辑趣谈》。导引辞："末木刚博教授，世界逻辑融通。深度比较研究，东方逻辑尤重。创发冷门绝学，激扬逻辑理性。授权翻译推介，促进学术昌隆。""民族语言各有异，三大逻辑本质同。希腊逻辑重理性，印度因明宗教性，中国自古有逻辑，中国逻辑实践性。世界文化相融通，命运共同促共赢。"该书于 2021 年在商务印书馆出版。深度论述世界三大逻辑体系中国、印度与西方逻辑的比较研究。中印西三大逻辑源远流长，影响至深。随着东西方逻辑与世界文化交流的展开，对中印西三种逻辑学说在世界文化史上的地位、价值与意义的比较研究，是逻辑领域的重点难点、热点焦点、学术前沿课题与学术增长点。通过东西方逻辑的比较研究，展现东方逻辑的深刻影响力、强大震撼力与独特学术魅力。日本逻辑家末木刚博，专攻世界逻辑比较研究，尤重中印东方逻辑与西方逻辑的联通交融。翻译评介末木刚博原著，是对中印西三种逻辑学说整体系统比较研究的重要成果，在国际有广泛深刻的学术影响。

（四）第四类：元典鉴赏论析两种

（1）《墨经趣谈》。导引辞："天下奇书数《墨经》，科学人文精神丰。狭义《墨经》数千言，微型百科思虑精。科学范畴数百个，至今沿用令人惊。精研《墨经》深论析，推广诵习有依凭。"该书于2021年在商务印书馆出版。论述《墨经》的科学人文精神，墨家微型百科全书的形成机理与现代价值。用现代语言解读《墨经》，提倡《墨经》研究的现代化、科学化与世界化，表达方式的大众化、通俗化与普及化，对当今科学教育与科教兴国实践有重要的启迪借鉴价值。《墨经》用精练的古汉语，概括各门哲学社会科学与自然科学知识，是举世公认的微型百科全书。把《墨经》元典文本纳入现代科学知识分类系统，可见《墨经》科学的深湛义理与崇高价值，其是中国传统文化的精粹、国学的瑰宝，亟须传承弘扬、转化应用。

（2）《管子趣谈》。导引辞："论述《管子》精华，阐发管仲之谋。鉴赏《管子》哲理，领略语言艺术。""《管子》成书数百年，管仲之谋数千年。中华一统续文脉，奇谋睿智立新功。"该书于2021年在商务印书馆出版。论述《管子》治国理政的睿智良谋，对当今依法治国实践与社会建设有重要的启迪借鉴作用。解读《管子》的重点篇目，论析《管子》经典精华，阐发《管子》的法治谋略、法哲学与修身治国的名言警句，是传统文化经典诵习的推广读本，适合广大人民群众阅读。

逻辑、哲学与生活世界 *

——读格雷林《维特根斯坦与哲学》

袁伟业 **

摘 要： 维特根斯坦的哲学生涯看似"另类"，实则再正常不过，因为其更加显明了哲学的本质。早期维特根斯坦以"不可说"之名义将伦理、美学、宗教等与人生密切相关的问题排除在哲学之外，但这并不意味着他认为这些问题不重要，恰恰相反，通过划定可言说者与不可说者的界限，他使这些不可言说者的重要意义更加凸显出来。晚年维特根斯坦亲手拆掉他前期在《逻辑哲学论》中建构起来的"世界大厦"，提出"生活形式"概念，倡导回归生活世界，是其早期这一思想倾向的继续。

关键词： 可说的与不可说的 系统哲学 治疗型哲学 生活形式

　　格雷林（A. C. Grayling）的《维特根斯坦与哲学》[①] 简明扼要地介绍了维特根斯坦（Ludwig Wittgenstein）的生平与性格、前后期哲学及其对后世

---

* 本文系山西省教育科学"十四五"规划 2021 年度课题"基于交互结构模型的人文艺术类通识课程跨学科教学改革研究"（编号：GH-21299）的阶段性成果。

** 袁伟业，哲学博士，山西农业大学马克思主义学院讲师，主要研究方向：西方哲学、马克思主义基本原理。

① 〔英〕格雷林：《维特根斯坦与哲学》，张金言译，译林出版社，2008。此书是"牛津通识读本"之一，中英对照，原英文书名是：*Wittgenstein: A Very Short Introduction*。据译者张金言先生介绍，作者格雷林（A. C. Grayling）是英国牛津大学哲学讲师，曾在中英暑期哲学班授课。此外，格雷林还写有一部由著名的企鹅出版社出版的《哲学史》（*The History of Philosop*），同样要言不烦，以简洁明快的语言直击哲学史上重要哲学家思想的核心要义，非常适合哲学初学者阅读。该书中译本由上海文艺出版社出版，书名为《企鹅哲学史》（张瀚天、赵英男译，2023）。

哲学的影响。此书篇幅虽不大，却精准地把握住了维特根斯坦哲学的要义和发展脉络。并且，格雷林先生的论述要言不烦、深入浅出，即使是非专业读者，也能从中了解和领会到维特根斯坦哲学的基本方面和基本精神。

一　维特根斯坦的哲学人生

格雷林的这本小书总共不到 140 页，却用了近 20 页篇幅介绍维特根斯坦的生平与性格。个中缘由，对维特根斯坦稍有了解的人都不难想到，那就是，相对于一般哲学家，维特根斯坦的生平和性格显得"非比寻常"（extraordinary），令人瞩目。

首先，值得注意的是维特根斯坦走上哲学之路的方式。与很多哲学家不同，维特根斯坦并不是一开始就表现出对哲学的兴趣，他最初的兴趣是与哲学毫不相干的工程工艺，特别是机械制造。他在这方面似乎颇有天赋，据说在童年时就制作出一台缝纫机模型，而在曼彻斯特大学学习时，他就致力于设计一种新式螺旋桨。设计过程中涉及的某些数学问题引起了他特别的兴趣，他转而关注这些数学问题，接着又由具体的数学问题转向数学本身，最后他的兴趣被引向数学的基础问题。不难理解，数学的基础在数学之外，数学的基础问题是哲学问题，维特根斯坦由此走上了哲学之路。随后，他在别人的建议下阅读了罗素（Bertrand Russel）的《数学原理》（*The Principles of Mathematics*）。此书对他产生很大影响，促使他决心从事这方面的研究工作。于是，1912 年他年去了剑桥大学，师从罗素，学习逻辑和哲学。两年后，第一次世界大战爆发，维特根斯坦应征入伍。即便是在战火纷飞的年代，他也没有中断哲学思考，正是在战俘营中，他的第一部哲学著作《逻辑哲学论》（*Tractatus Logico-Philosophicus*）诞生了。我们知道，这部著作后来成为分析哲学的扛鼎之作，也奠定了维特根斯坦在 20 世纪哲学中举足轻重的地位。

维特根斯坦由工程学转向数学，再由数学转向哲学。这一系列转向看来是必然的，因为所有自然科学的基础问题追问到最后都是哲学问题，特别是哲学上的认识论问题。然而，从近代的经验论与唯理论的激烈争论开始，后虽经康德（Immanuel Kant）的天才式调和，但直至今日，我们都不能说认识论问题已经得到彻底解决。显然，对于康德把认识局限于现象之内的"不可知论"，许多自然科学家是不认可的，因为这无疑摧毁了他们对自己所从事工作的根本信念。究其根本，这是因为康德破除了人们长久以来的一个先入为主且根深蒂固的观念：有一个在我们之外的"客观世界"，它自有其特征和规律，科学认识的目的就是破除我们的感官、情感、意志甚至有限理性等对它的"遮蔽"，直面这个"物自身"（things itself）。但是，康德却告诉我们，这个"物自身"是不可认识的，我们所能认识的只是现象，是物自身的"影子"。这一点让很多人难以接受，因为在他们看来，这意味着我们所获得的知识不是关于客观事物本身的客观知识。对此，康德会问，你究竟要达到什么样的"客观"，独立于所有认识主体的那种"客观"吗？这种说法本身就是一个悖论，因为只要说到认识，就是主体在认识，就是认识主体视野之下的认识。在康德看来，所有认知对象只有经过人的认知理性（先天直观形式和知性范畴）"加工"后才能成为实际的认知对象，那种所谓的"纯客观认识对象"因处于人的认知理性之外，而不可能被我们所认知。在维特根斯坦那里，也有类似的观念。在阅读了罗素的《数学原理》并师从罗素之后，维特根斯坦接受了罗素的一个思想前提，即数学（乃至世界）的基础是逻辑，所以只要厘清了语言的逻辑结构，也就弄清了世界的结构，这就是《逻辑哲学论》的根本出发点和主要论题。但是，我们会禁不住进一步问，逻辑的基础又是什么呢？对此，维特根斯坦回答说，这是不可说的，超出了思想的界限，只能对其保持沉默。这里的"逻辑的基础"类似于康德所说的"物自体"，不在人的认知范围之内，是不可言说的。在维特根斯坦看来，若试图对不可说之物进行言说，无异于痴人说梦，许多传统哲学问题都在试图言说这种不可说者，从而使哲学失去了严肃性。

其次，维特根斯坦那颇为"异类"的哲学人生，同样引人注目。与大多数哲学家不同，维特根斯坦从小就没有接受过正规的哲学教育，没有系统地学习过哲学史，没有深入研读过柏拉图、亚里士多德、康德、黑格尔……

在剑桥的两年时间里，他也不像一般学生那样读书、听课、记笔记，而是不断地与罗素争论各种奇怪的问题。不久，第一次世界大战爆发，他应征入伍，先后做过炮兵机械师和观测员。到临近战争结束的时候，他成了战俘，被关在战俘集中营。正是在战俘营中，他完成了《逻辑哲学论》，并认为此书已经解决了所有哲学问题。于是，他放弃了哲学研究，去维也纳以南的一个小山庄做一名小学教师。做小学教师时的教学并不成功，他又在一个修道院找到了一个看门人的工作。在此期间，他还以建筑师的身份，为他的姐姐设计建造了一座住宅。就在这个时候，他的《逻辑哲学论》在英美哲学界产生了巨大的影响。之后，在与石里克（Friedrich Schlick）等维也纳学派的成员接触后，他发现自己的《逻辑哲学论》并未像他先前所认为的那样解决了所有哲学问题。于是，1929 年他重返剑桥，随后在罗素和摩尔（G. E. Moore）的主持和帮助下取得了博士学位和剑桥三一学院的研究员职位，又于 1939 年接替摩尔成为哲学教授。然而，还没等到他开始授课，第二次世界大战爆发了。之后，他在伦敦的一家医院当看门人，并短暂地在剑桥讲授过两个学期的哲学课。1947 年，他辞了剑桥的教职，去了爱尔兰，在这里他完成了《哲学研究》（*Philosophical Investigations*）。众所周知，这部著作同样对 20 世纪英美哲学产生巨大影响，在其影响下诞生了著名的牛津日常语言学派。但这些对维特根斯坦来说都不是他所关注的，并不在他的意料之中，也不是他从事哲学的目的之所在。如格雷林所说："实际上他是个四处漂泊的人，一个行踪不定的流浪者……与此相应的是他由于环境或自己的选择而从事的一些职业：学生、军人、小学教师、园艺工人、建筑师、流浪者、大学教师——其中似乎没有一项职业让他满意。"[①]

综观维特根斯坦的整个人生经历，可以说，这种生活不是一般哲学家的生活，同时又是一个真正的哲学家的生活。说这不是一般哲学家的生活，很容易理解，因为一般哲学家的生活空间是书房和讲台，面对的是书本和学生，而维特根斯坦却满世界漂泊，面对的是生活百态和各色人等。但正是在

---

① 〔英〕格雷林：《维特根斯坦与哲学》，张金言译，译林出版社，2008，第 13-14 页。

这种生活中，他直面生活本身，并忠实于自己的哲学。他在哲学上很有天赋，并为罗素所赏识，按照一般人的想法，此时若留在剑桥，定是"前途无量"，但他却在完成《逻辑哲学论》之后，放弃了哲学。因为在他看来，既然哲学问题都已解决了，就没有必要再留在大学里蹉跎岁月，不如去做点别的有意义的事情，比如做一名小学教师。我们应该相信，他的这些想法是发自内心的，是对哲学事业的敬畏。多年之后，他之所以重返剑桥，也只是因为意识到自己的哲学出了问题。他在剑桥大学的授课，据当时的学生回忆，并不是以一位哲学教授的身份向学生传授哲学知识，而毋宁说是反思、批判自己的前期哲学，① 而这直接导致了后来与其前期哲学观点完全相反的《哲学研究》的诞生。不要忘记，此时的维特根斯坦已是蜚声海内外，也顺利地成了剑桥大学的教授，但他却又一次选择离开剑桥，去都柏林的一个旅馆，写作他的《哲学研究》，批判那些给他带来学术名声和地位的哲学思想。《哲学研究》最终没有完成，他不断地反思、修改自己写下的东西，直至离开人世。可以说，维特根斯坦将其一生都献给了哲学，虽然是以一种与康德、黑格尔等传统哲学家完全不同的"另类"的方式。但是，这种"另类"却更是"正常"，因为它更加显明了哲学的本质，展现了哲学生活的本相，即对根本性问题无尽思索，对智慧的无限热爱。

在《维特根斯坦与哲学》第一章的结尾，格雷林说了一句意味深长的话："他很可能是哲学中最后一位不遵循下列惯例而变得有名望的人物，即接受严格、正统的学院教育乃是被哲学界真正认可的一个条件。"② 很显然，格雷林的言下之意是，在我们当今这个时代，维特根斯坦这样的人是不可能被学界接受的，更不可能有什么名望。而这也反过来说明了，在我们这个时代，哲学已经失去了其纯粹性，掺杂进太多其他的东西。

---

① 格雷林描述道："维特根斯坦在三一学院自己的居室中以边想边说的方式对一群学生授课。学生由于《逻辑哲学论》早就知道他的大名。可是在这些讨论班上他却批驳了这本书的许多中心主张，代之以一系列新的哲学思想……维特根斯坦的教学风格就是在学生面前努力思索问题，有时喊出'我今天真蠢！'有时又坐在那里，陷入聚精会神的持续沉默之中。"（〔英〕格雷林：《维特根斯坦与哲学》，张金言译，译林出版社，2008，第12页。）

② 〔英〕格雷林：《维特根斯坦与哲学》，张金言译，译林出版社，2008，第15页。

二 可言说的与不可言说的

在《维特根斯坦与哲学》第二章，格雷林介绍了维特根斯坦的前期哲学。在正式介绍之前，专设一节对维特根斯坦哲学之目的进行简要说明，谈论的其实是维特根斯坦的哲学观。我们将看到，这种哲学观同样与康德在《纯粹理性批判》（*Critique of Pure Reason*）中对知识的限定有某种相似之处，通过比较二者，可以发现一些值得深思的问题。

在《逻辑哲学论》中，维特根斯坦表达了这样一个观点：全部哲学问题都可以通过正确理解语言如何起作用而得到解决。在维特根斯坦看来，语言有一种深层的逻辑结构，只要理解了这种深层逻辑结构，就能解决所有哲学问题。维特根斯坦将语言与思维联系起来，认为在语言上可说的就是在思维上可思的，反之亦然。这样，我们就可以借助语言给思维划一条界限：凡是可说的就是可思的，就是有意义的；凡不可说的就是不可思的，就是无意义的。那么，什么是可说的，什么又是不可说的呢？维特根斯坦认为，除自然科学命题以外，其余的都是不可说的。若坚持要对自然科学命题之外的东西进行言说，说出来的都将是无意义的东西。

正是在上述观点的基础上，维特根斯坦对传统哲学提出了批评，并确立起自己的新哲学观。既然可说的（可思的、有意义的）东西只有自然科学命题，那么传统哲学所讨论的各种论题，如存在、真理、价值等，就都是无意义的，因为它们都超出了语言和思维的界限，企图说不可说、思不可思的东西，其结果必然是似是而非、歧义丛生。总而言之，传统哲学的问题都是因不了解语言的结构和思维的界限而产生的一些虚幻问题。如果传统哲学问题都是虚幻的，那么真正的哲学问题又是什么呢？或者说，关于存在、真理、价值等的传统哲学问题被解决之后，哲学还可以做些什么呢？对此，维特根斯坦说：

哲学中正确的方法是：除了可说的东西，即自然科学命题——也就是与哲学无关的东西之外，就不再说什么，而且一旦有人想说某种形而上学的东西时，就立刻向他指明，他没有给他的命题中的某些记号以指谓。虽然有人会不满意这种方法——他不觉得我们是在教他哲学——但这却是唯一严格正确的方法。①

这就是说，哲学的唯一问题是语言的逻辑结构问题，哲学的任务就是澄清语言的逻辑结构，以确定思维的界限，并且当有人超出此界限时，向他指出他所说的是无意义的。而语言的逻辑结构究竟是怎样的，为什么只有自然科学命题是可说的，等等，这些正是《逻辑哲学论》所要阐述的重点内容。在完成《逻辑哲学论》之后，维特根斯坦认为他已经很好地解决了这些问题，因此全部可说的东西中由哲学来言说的部分都已言说完毕，剩下的关于自然科学命题部分是自然科学家的任务，应由自然科学家来完成；而对于不可说的东西，维特根斯坦认为"我们必须保持沉默"（《逻辑哲学论》，7）。

在《纯粹理性批判》中，康德将知识限定在现象领域，而对于物自体则宣布为不可知。为什么要这样限定？因为在康德看来，知识的最基本的要素是直观，而对于物自体我们没有任何直观，更不可能有任何经验，所以它是不可认识的，我们所能认识的只是现象领域中可直观、可经验到的东西。如果企图对现象之外的东西（物自体）进行认识，就会陷入"二律背反"。在《纯粹理性批判》"先验辩证论"中康德列举了传统形而上学的四组二律背反，它们都是因试图对诸如世界、灵魂、上帝这样的物自体领域的东西进行认识而产生的。看起来，康德的这一限定完全是消极的。因为，这样一来，我们的知识领域就相当的狭窄，只限于我们对之有感觉经验且能被时空直观形式和知性范畴所综合的那些东西，而在此之外的广大领域（如传统形而上学说谈论的世界、灵魂、上帝）都是无法认识的，只能去思维，诉诸信仰。康德对知识的限定有其目的，即"我不得不悬置知识，以便给信

---

① 〔奥〕维特根斯坦：《逻辑哲学论》，贺绍甲译，商务印书馆，1996。以下引用《逻辑哲学论》原文均出自该中译本，按学术界惯例，随文加注编码，不再注明译本页码。

仰腾出位置"。① 也就是说，之所以要将知识作如此限定，是为了为道德领域"争取地盘"——如果一切都是可以认识的，都受制于严格的必然性，那么人类就没有了自由，道德也就失去了前提。从某种意义上说，在康德那里，道德问题比知识问题更重要，之所以要限定知识，其最终的目的是使道德有一个先验的根据。

　　类似的情形也存在于维特根斯坦那里。一方面，维特根斯坦说，除了自然科学的命题外，其余的都是不可说的、无意义的，都要被排除在哲学之外。但另一方面，维特根斯坦又认为，像伦理学、美学、宗教等与人生密切相关的问题，并非因其本身而没有意义，而是因试图对其进行言说（speak）时，才说出了一些没有意义的东西。这些问题所涉及的对象虽然是不可说的，却可以显示（show）："确实有不可说的东西。它显示自己，它们是神秘的东西。"（《逻辑哲学论》，6.5222）那么，在维特根斯坦那里，这些不可说却可以显示的东西的地位如何呢？是否因其不可说、无意义，就无关紧要，不需要关注呢？显然不是。相反，这些东西更为重要。维特根斯坦虽然并没有明确地指出，但从他的一些论述中不难看出这一点："世界的意义必定在世界之外。世界中一切事情就如它们所是而是，如他们所发生而发生；世界中不存在价值——如果存在价值，那也会是无价值。"（《逻辑哲学论》，6.41）这即是说，世界之内的（可说的）东西都是既成的事实，对它们来说，谈不上任何价值，所以价值必定存在于这些事实之外，存在于世界之外。而这也就意味着，作为唯一可说的自然科学并不能解决价值问题："我们觉得，即使一切可能的科学问题都已得到解答，也还完全没有触及到人生问题。"（《逻辑哲学论》，6.52）在临近《逻辑哲学论》结尾处，维特根斯坦更明确地说道："我的命题应当是以如下方式来起阐明作用的：任何理解我的人，当他用这些命题为阶梯而超越它们时，就会终于认识到它们是毫无意义的。（可以说，在登上高处之后他必须把梯子扔掉。）""他必须超越这些命题，然后就会正确看待世界。"（《逻辑哲学论》，6.54）这些论说被维

_____

① 〔德〕康德：《纯粹理性批判》，邓晓芒译，杨祖陶校，人民出版社，2004，第22页。

特根斯坦置于《逻辑哲学论》的结尾处，其意图或许是：通过划定语言的界限，凸显在此界限之外还有哪些东西，而这些东西恰好就是与我们的生活息息相关的东西，是我们的世界、人生的意义之所在。对于生活于世界中的我们来说，这些问题才是最迫切的、最要紧的问题。

所以，当维特根斯坦说"对不可说的必须保持沉默"时，我们切不可将其狭隘地理解为对人生、道德、价值等问题必须保持沉默、不予理会。恰恰相反，对这些问题我们不可能真正保持沉默，这些问题题才是根本的哲学问题。

三 回归生活世界

在《逻辑哲学论》中维特根斯坦通过语言的结构建立起世界的结构。这一结构堪称精致、完美。可是，在后期的《哲学研究》中他毫不怜惜地亲手拆掉了这一精致完美"世界大厦"。何以如此？

先来看一看维特根斯坦在《逻辑哲学论》中建立起来的世界结构。维特根斯坦认为，语言与世界都有一种结构，并且二者呈"映示"（picture）关系。语言（language）由复合命题（propositions）组成，复合命题由基本命题（elementary propositions）复合而成，基本命题又由名称（name）组成。名称是语言的最基本要素。这是语言的结构。与此相应，世界（world）是由事实（facts）构成的，事实由事态（states of affairs）构成，而事态又由客体（objects）构成。客体是世界的最基本要素。这是世界的结构。格雷林给出了一个示意图（图1），清楚地展现出语言结构与世界结构之间的这种映示关系。

维特根斯坦分别详细阐述了世界结构的各组成部分之间的关系和语言结构的各组成部分之间的关系，然后又阐述了这两大结构之间的映示关系。这些阐述异常复杂，其中许多细节在研究者中引起各种争论。我们这里暂不去纠缠这些细节，只注意一点：维特根斯坦在此建立起来的世界与语言之间的这种严密的映示关系，以及二者各自的组成部分之间的严密的层次关系，俨

图 1　语言结构与世界结构映示关系

资料来源：〔英〕格雷林《维特根斯坦与哲学》，张金言译，译林出版社，2008，第 15 页。

然形成一个形而上学体系，似乎世间一切尽在其中矣。

　　或许正是《逻辑哲学论》的这种浓厚的形而上学意味，导致后期维特根斯坦亲自将这一体系拆解掉。在其后期著作《哲学研究》的序言中，维特根斯坦提醒我们："只有与我旧时的思想方式相对照并以它作为背景，我的新思想才能得到正当的理解。"① 这句话为我们阅读《哲学研究》指明了基本方向，即要在与他前期思想的对比中理解其中的深意。下面我们就按照这一思路，就几个比较重要方面，探讨一下后期维特根斯坦为什么要拆掉他前期建立起来的"世界大厦"。

　　首先值得注意的是，在形式上《哲学研究》与《逻辑哲学论》完全相反。《逻辑哲学论》由一系列十进制的小数作为序号排列而成，这些数字显示出它们所代表的各条目之间的层次关系。正是在这种严密的关系网络中，维特根斯坦构造起了他的世界体系。与此相反，《哲学研究》则是由一系列相互之间看不出明显联系的段落和语句组成，显得极为零散无序，完全没有了《逻辑哲学论》的那种整体感。这种形式上的差别并不仅仅是形式而已，而毋宁说是内容上的差异的必然结果："我数次尝试把我的成果熔铸为这样一个整体，然而都失败了；这时我看出我在这点上永远不会成功……而这当

———————

　　①　〔奥〕维特根斯坦：《哲学研究》，陈嘉映译，上海人民出版社，2005，第 2 页。

然同这本书的性质本身有关系。"① 也就是说，《哲学研究》之所以采取这种表述方式，是由其中的思想所决定的，思想的性质决定了思想的风格。

那么，是什么导致了维特根斯坦后期的这种巨大转变呢？学者们有各种解释，其中比较有共识的看法是，维特根斯坦的哲学观念发生了根本改变，这也是格雷林的观点。按照格雷林的说法，在前期，维特根斯坦认为可以通过分析语言的逻辑结构建立起世界的结构这样一种带有形而上学意味的"系统哲学"（systematic philosophy）的方法解决所有哲学问题。到了后期，他认识到这种系统哲学的方法并不能真正解决所有哲学问题，转而提出一种"治疗型哲学"（therapeutic philosophy）："哲学家处理一个问题就像治疗一种疾病。"② 因此，他主张不要试图去设计理论、建立体系来处理哲学问题，而应该通过消除引起问题的误解来消除问题本身。这种误解就是对语言的误解。这一点才是维特根斯坦思想转向的根本原因，即这个时候他对语言的本质有了一种与前期完全不同的看法。在前期，他认为语言有一种单一的本质、单一的结构，通过揭示语言的这种结构就可以映示出世界的结构。但是，现在他不再认为语言有单一的本质。相反，他认为，语言的本质毋宁说是非本质的，它并不是一种单一的东西（thing），而是一群不同的活动（activities），语言的意义就存在于它的运作（work）之中，存在于我们在日常事务中对它的运用（use）之中，说到底，存在于我们的"生活形式"（form of life）之中。

在此，我们接触到了维特根斯坦后期哲学的一个重要概念——"生活形式"。什么是"生活形式"？维特根斯坦只是说，"必须被接受的事物，被给予的事物就是生活形式"，③ 而没有给出更多的解释。格雷林解释说，维特根斯坦用"生活形式"这个概念所要表达的意思是："语言和非语言的行为、假定、实践、传统和天然爱好等方面的基本共识才是作为社会存在的人所共有的，因而也是在人们使用的语言中被预先假定的……我们的语言用法

---

① 〔奥〕维特根斯坦：《哲学研究》，陈嘉映译，上海人民出版社，2005，第 1 页。
② 〔英〕格雷林：《维特根斯坦与哲学》，张金言译，译林出版社，2008，第 77 页。
③ 〔奥〕维特根斯坦：《哲学研究》，陈嘉映译，上海人民出版社，2005，第 96 页。

的合理根据就是作为基础的生活形式……"① 这就是说，生活形式是社会共同体的共识，是我们能够生活在一起并相互交往的前提，因而也是语言的前提，是语言的意义之根基。一切关于言说和行为的合理性的争辩都要回到这个生活形式之中，在其中找到根据，而不是相反，先建立起一个形而上学的理论框架，然后将我们的生活强行塞入其中。如前所述，《逻辑哲学论》就是这样一种形而上学框架，由其所建构起来的"世界大厦"看起来坚不可摧，实则脆弱不堪，窒息了我们对生活本身的理解。或许正是因为认识到这一点，后期维特根斯坦才亲手拆掉了他自己先前在《逻辑哲学论》中建构的这座形而上学化的"世界大厦"，转而去直面生活本身，这也符合他一贯的生活态度和哲学理念。

现象学创始人胡塞尔（Edmund Husserl）晚年提出"生活世界"（world of life）概念，强调生活世界是我们理解所有科学和哲学问题的基础，"生活世界问题不是局部的问题，宁可说是普遍的哲学问题"。② 虽然胡塞尔的"生活世界"概念与维特根斯坦的"生活形式"概念并不完全相同，但是二者的根本精神是一致的，即去除形而上学的遮蔽，回归生活本身。这是20世纪西方哲学两大传统——欧陆现象学和英美分析哲学——的基本共识，也应是21世纪哲学的出发点。

---

① 〔英〕格雷林：《维特根斯坦与哲学》，张金言译，译林出版社，2008，第95页。
② 〔德〕胡塞尔：《欧洲科学的危机与超越论的现象学》，王炳文译，商务印书馆，2001，第167页。

Table of Contents & Abstracts

The Motivation and Direction of the Construction of the Discourse System of Chinese Logic　　　　　　　　　　　*Ning Lina* / 38

Abstract: The construction of the discourse system of Chinese logic started from responding to the demands of saving the country with modern culture at that time, and experienced a development process of turning spontaneous to conscious. Under the influence of the eastward spread of Western learning, thinkers introduced Western logic into Chinese people's vision, and at the same time, they also focused their attention on the excavation, collation and in-depth exploration of ancient Chinese logical texts, which revived the ancient Chinese logical thought system represented by Mohist logic and promoted the study of the influence of the Hetuvidya logic on Chinese logical thought system. At the same time, in the process of localization of Chinese translation logic, it stimulated the comparative study of Chinese and foreign logic thoughts, and opened the creative transformation of logical discourse systems under different cultural backgrounds. The modern logicians represented by Jin Yuelin have opened up a new development direction for the construction of the discourse system of logic in the Chinese context. The construction of the discourse system of logic in China today is to form a logical theory system with Chinese cultural identity and showing the common value of human reason, and to promote the world significance of logic research in the

Chinese context.

Keywords：The Discourse System of Chinese Logic； The Development Motivation； Construction Path； Value Orientation

Innovations and Developments of Logic Research and Education under Background of Digital Society

Rong Liwu [1,2] / 49

（1. *School of Philosophy and Social Development, Shandong University, Jinan* 250100, *China*； 2. *Institute of Logic and Cognition, Zhongshan University, Guangzhou* 510275, *China*）

Abstract：Artificial intelligence technology has shaped the new form of the current digital society, and the new social form has in turn put forward new requirements for the development of basic disciplines and higher education； for instance, it is necessary to train top talents in basic disciplines for significant theoretical breakthroughs and technological innovations, with critical thinking and innovative ability being the focus. Furthermore, it is of great urgency to merge interdisciplinary professional knowledge due to the multifaceted social problems. Logic has always been attentive to human thought and reasoning, and with its own foundational and instrumental characteristics, it is likely to be of assistance in the integration of interdisciplinary professional knowledge. Moreover, "logical thinking", "critical thinking" and "innovative thinking" also demonstrate the dialectical tension between harmony in diversity. Consequently, innovating and advancing the research of logic and reforming the educational concept of logic in the modern era will help us to train top talents in basic disciplines, create new ideas or theories and address new issues in the intricate digital society.

Keywords：Logical Thinking； Critical Thinking； Innovative Thinking； Logic Engineering

The Influence of Modern Japanese Translated Logic Textbooks on Chinese Logical Thought
—Take Ōnishi Hajime's *Logic* as an Example

Zhong Qiuping / 64

Abstract: In the process of the introduction and development of modern logic, Japan, as a "transfer station" for the introduction of Western academic thoughts, has played an important role. At the beginning of the 20th century, a number of Japanese translated logic textbooks were popularized in China, which not only directly promoted the teaching and research of logic, but also promoted the construction of Chinese logical knowledge system and the exchange of logical thoughts. In terms of logic, these Japanese translated textbooks also reflect the answer to the core question of "what is logic?" Among them, the logic thought in *Logic* has a great influence on the development of Chinese logic. However, the current research on Japanese translation of logic textbooks and *Logic* is insufficient, so this paper takes Ōnishi Hajime's *Logic* as an example, analyzes and summarizes the influence of modern Japanese translation of logic textbooks on Chinese logical thought, and probes into the theoretical logic and historical context of the development of modern Chinese logic thought.

Keywords: Japanese Translation of Logic Textbooks; Logical Thought; Ōnishi Hajime; *Logic*

ChatGPT and Its Reasoning Abilities

Zong Hui, Hong Long / 76

Abstract: In late November, 2022, ChatGPT, an intelligent chatbot for free use introduced by OpenAI, has attracted hundreds of millions of Artificial Intelligence (AI) supporters. A large number of existed instances show that ChatGPT is so powerful that it serves as an outstanding achievement in conversations between human and computer. First, the paper introduced the literal meaning of ChatGPT and GPT to deliver examples of those conversations with Turing Point. Second, the essay provided the test result of ChatGPT through a question−

and－answer way to see if it has the capability of inference, or the Watanabe Point. This paper includes interesting results and separate evaluations of these processes. Finally, after briefly presented some reviews of ChatGPT, the essay prospects the development and research directions of AI.

Keywords: ChatGPT; Natural Language Processing; Syllogism; Concepts

How is AI's "Logical Reasoning Ability"
—A Human－Machine Comparison Experiment

Jiang Haixia, Wei Tao, Du Guoping / 86

Abstract: To explore the "logical reasoning ability" of AI, a man－machine comparison experiment was conducted using a self－designed logical reasoning ability test. The experiment compared the performance of ChatGPT and 180 college students in numerical reasoning, analogical reasoning, and deductive reasoning. The research results show that ChatGPT performs best in numerical reasoning; In analogical reasoning and deductive reasoning, the average correct answer rate is close to or equal to the guessing rate. The average total correct response rate of ChatGPT in logical reasoning ability is lower than that of college students. The analysis of ChatGPT on specific topics shows that it has a certain level of logical reasoning ability and displays understanding, analytical power, and creativity in some answers. At the same time, some black boxes in reasoning are difficult to explain. ChatGPT is difficult to obtain rigorous and logical answers to complex semantic relationships, and there are many logical errors. Its reasoning ability is unstable.

Keywords: Artificial Intelligence; Logical Reasoning Ability; Generative Artificial Intelligence; ChatGPT; Human－Machine Comparison Experiment

A Study of the Fuzzy Semantics of English Modal Verbs of Possibility in Chinese Translation

He Xia / 103

Abstract: English modal verbs like "might", "may", "should", "must", etc. and Chinese modal words like "*yexu*", "*dagai*", "*yinggai*", "*xiangbi*", etc. present vagueness and obvious quantitative distribution in expressing the semantics of possibility. In this paper, a quantitative analysis is conducted on English-Chinese possibility modal words according to their fuzzy meaning of possibility. The fuzzy values of these words are calculated using the Measure of Medium Truth Degree (MMTD), a mathematical tool for measuring fuzzy semantics. The results are used to find the closest semantic distance in translation between the English and Chinese modal words/phrases of possibility and a translation dictionary of possibility modal words is thus established. Case analysis of the Chinese translation of English possibility modal verbs are conducted thereafter to prove the results.

Keywords: Fuzzy Semantics; Modal Verbs of Possibility; Quantification; Chinese Translation

Dialectical Negation of Dialectical Thinking and Its Contradiction —The Scheme of Language Logic

Zou Chongli, Yao Congjun / 116

Abstract: In the history of western philosophy, from the germination of ancient Greece to the practice of modern Marxism, the discussion of "dialectical negation and its dialectical contradiction" is always an unavoidable topic. The mainstream of modern logic maintains an indifferent attitude to dialectics, and only a small number of modern logic branches pay scattered attention to and partial research on dialectical thinking. The Paraconsistent Logic maintains a positive and open attitude towards dialectics, and tries to give the formal semantic definition of dialectical negation and its contradiction. The perspective of philosophical logic proposed by a domestic scholar also promotes and inspires the logical study of dialectical thinking. As an important case of the practice of dialectical thinking, the classic Marxist book "Kapital" makes us deepen the understanding of dialectical negation and dialectical contradiction, so as to learn from the tool of contemporary language logic——Projection Discourse Representation Theory PDRT tries to refine the analysis of dialectical negation and its contradictions.

Keywords: Dialectical Thinking; Dialectical Negation; Dialectical Contradiction; PDRT

Several Key Concepts of Substitution Logic *Ma Lei* / 129

Abstract: Substitution logic is a novel daily thinking logic based on the replacement of cognitive elements. It bypasses the rigid format and cumbersome rules of syllogism, providing a more appropriate description of the actual human reasoning process. Furthermore, this new logic combines analogical reasoning with relational reasoning and modal reasoning, expanding the scope of syllogism to handle more complex quantitative reasoning. Substitution logic introduces a series of new concepts, such as active premises, passive premises, antecedents, conjuncts, consequents, universals, particulars, singulars, suprasubjects, subsubjects, equivalents, symmetric propositions, asymmetric propositions, symmetric predicates, and asymmetric predicates. These concepts reflect fundamental features of thinking and can be further extended to other fields within logic.

Keywords: Substitution Logic; Reasoning; Concepts

Analysis of the Relevance Mechanism Between Modal Realism and Lewis Causal Counterfactual Theory *Chen Jisheng, Xie Forong* / 151

Abstract: Lewis thinks that modal realism is the important basis of the theory of counterfactual analysis of causation. However, modal realism makes a epistemic dilemma, and related problems lead Lewis to turn from causal dependence to causal influence. This changing means that realist possible worlds can not be the basis of counterfactual analysis of causation, on the contrary, it should be that the structure of causal events restrain the structure of possible world.

Keywords: Modal Realism; Counterfactual Analysis of Causation; Possible World

The Representational Rationality of Computational Simulation and Its Reinforcable Framework   *Yang Yeyang, Ma Hongmei* / 166

Abstract: Computational simulation is an important scientific representation in the era of artificial intelligence. In consideration of the fact that computational simulation has the same cognitive function as the traditional experiment, it is necessary to reflect on the representational rationality of computational simulation based on the rationality argument path of experimental measurement, which helps to establish a reinforcable methodological framework for the computational simulation. At the same time, the "verification and validation" method is the key to this methodological framework. Before the computational simulation runs, it is prerequisite to distinguish the epistemic uncertainty from the accidental uncertainty in the verification experiment, and it's essential to provide reliable mathematical and physical justification for the simulation model as much as possible, because the rationality of the computational simulation essentially depends on the reinforcable framework constructed by the experimental data. Absolutely, this approach itself implies an evolving open framework, which helps constructing a system of soundness principles for computational simulations in the constant representational practice: establishing stable objectivity criteria, adhering to rigorous evaluability criteria, and clarifying systematic hierarchy criteria.

Keywords: Computational Simulation; Representation Rationality; Confirmatory Experiment; Reinforcable Framework

About Logic and Critical Thinking, What are Primary and Junior Middle School Chinese Techers Really Concerned about?

Yang Wujin, Zeng Lina / 179

Abstract: About Logic and Critical Thinking, primary and junior middle school Chinese techers attaches great importance to grasping some core concepts and basic theories in Logic, urgently hoping to analyze and solve practical problems in scientific exploration and paper writing by grasping some basic theories and methods in Logic and Critical Thinking, urgently hoping to cultivate and enhance the logical thinking and argumentative writing abilities of primary and secondary school students by grasping the methods of logical and critical thinking.

Keywords: Logic; Critical Thinking; Logical Thinking Ability; Argumentative Writing Ability

Some Thoughts on Logic Education and Teaching under the Background of New Liberal Arts

Guo Meiyun, Xiao Fang / 188

Abstract: In the context of the new era, logic should give full play to its own disciplinary advantages and values in the construction of new liberal arts. This paper argues that in the college logic education and teaching, we should adapt to the needs of The Times and build multi-disciplinary cross-platforms; Distinguish the logic major from the logic course to build a multi-level university logic course system; With students as the center, various types of general logic courses are offered according to students' development needs; Keep up with the new changes of the time, and promote the construction of various logical general education alliances; Take a variety of forms to popularize and promote the application of logic.

Keywords: New Liberal Arts; Logic Education and Teaching; General Logic Courses; Logic Curriculum System

The Principle of Following the Weak in Logic and Its Applications

Xu Zhaoqing, Huang Junxiang / 197

Abstract: In teaching of logic, we often encounter the mismatch between natural language understanding and logical connectives. Early experimental research in psychology of reasoning also revealed the universality of such phenomena. *Introduction to Logic* adopts "the principle of following the weak" to explain logician's theoretical choices, but a systematic elucidation of "the principle of following the weak" is still lacking. In light of this, we first explore the definition of "the principle of following the weak", and secondly explain the reasons for adopting "the principle of following the weak" in logic, and provide a general defense for the rationality of logicians adopting "the principle of following the weak" from the perspective of set theory.

Keywords: The Principle of Following the Weak; Logic Expressive Power; Material Implication; Inclusive Disjunction; Non-Classical Logic

Activate the Classics, Fuse the Ancient and Cast the Modern
—The Purpose of "Readings on Chinese Excellent Traditional Culture"

Sun Zhongyuan / 210

Abstract: The excellent traditional culture of China is the spiritual home of the Chinese nation, with a history spanning thousands of years of continuous inheritance. It integrates with contemporary Chinese culture and the world's advanced cultures, serving as an important element and component of the superstructure and ideology in the new era. The Commercial Press has published the first batch of 15 volumes in the series "Readings on Excellent Traditional Chinese Culture", totaling over 5 million words, receiving positive reviews. The purpose of this series is to activate classics, blend the ancient with the modern, extract the essence from a large amount of materials, and succinctly convey profound insights. Employing E-research (electronic digitized textual research) and Meta-study (transcendent and comprehensive research) methods, the series explores the essential characteristics, significance, and functional roles of China's excellent traditional culture in a multi-dimensional, large-scale, and comprehensive manner. It aims to propel the innovative transformation of China's excellent traditional culture in the new era, promote the modernization, scientification, and globalization of research, popularize and simplify the expression, and highlight the systematic, knowledge-based, and logical aspects of China's excellent traditional culture. The series makes the readings lively, interesting, and readable, helping the masses understand and apply the knowledge. It provides sharp ideological weapons and powerful spiritual impetus for the monumental task of rejuvenating China and the national revival.

Keywords: China's Excellent Traditional Culture; Superstructure; Ideology; E-research; Meta-study

Logic, Philosophy, and the World of Life
—Reading A. C. Grayling' *Wittgenstein: A Very Short Introduction*

Yuan Weiye / 219

Abstract: Wittgenstein's philosophical career seems unusual, but it is perfectly normal, because it reveals the essence of philosophy. Early Wittgenstein excluded ethics, aesthetics, religion and other issues closely related to life from his philosophy in the name of "unspeakable", but this does not mean that these issues were unimportant for him. On the contrary, by drawing the line between the speakable and the unspeakable, he made the significance of these unspeakable more prominent. In his later years, Wittgenstein demolished the "world building" he had constructed in his earlier work *Tractatus Logico-Philosophicus*, put forward the concept of "form of life", and advocated a return to the world of life, which was merely a continuation of his early thought.

Keywords: The Speakable and The Unspeakable; Systematic Philosophy; Therapeutic Philosophy; Form of Life

征稿启事

本集刊刊载与逻辑、智能、哲学相关之学术论文，尤其欢迎涉及上述三个领域跨学科交叉研究之论文。

（1）优先刊发原创性研究之论文。本刊刊发论文正文须为中文；稿件请用 word 文档，不接受纸质版论文。出版前须经学术不端检测，有条件者请自行检测后投稿，并注明检测结果。同时，在本刊发表之前，投稿论文不得在其他出版物（含内刊）上刊出。

（2）文章格式严格遵循学术规范要求，包括中英文标题、摘要（200 字以内）、关键词及作者简介（姓名、籍贯、工作单位、职务或职称、主要研究领域）；基金项目论文，请注明下达单位、项目名称及项目编号等相关信息。投稿文件名请统一标注为：作者-论文题目。

（3）论文字数一般为 0.8 万至 1.5 万。

（4）注释采用脚注形式，每页重新编号，注释序号放在标点符号之后。所引文献需有完整出处，如作者、题名、出版单位及出版年份、卷期、页码等。网络资源请完整标注网址。

（5）编辑部可能会根据相关要求对来稿文字做一定删改，不同意删改者请在投稿时注明。

（6）编辑部联系方式：邮箱 LIP2021@ 126. com。

地址：北京市东城区建国门内大街 5 号中国社会科学院哲学研究所智能与逻辑实验室。邮编：100732。

（7）本集刊为连续刊物，常年征稿。收到稿件之后一个月内确定是否录用，出刊时间为每年 6 月和 11 月。

《逻辑、智能与哲学》集刊编辑部

图书在版编目（CIP）数据

逻辑、智能与哲学. 第三辑 / 杜国平主编；魏涛执

行主编. --北京：社会科学文献出版社，2024.3

ISBN 978-7-5228-3246-3

Ⅰ.①逻… Ⅱ.①杜… ②魏… Ⅲ.①逻辑学-丛刊

Ⅳ.①B81-55

中国国家版本馆 CIP 数据核字（2024）第 029872 号

逻辑、智能与哲学（第三辑）

主　　编 / 杜国平
执行主编 / 魏　涛

出 版 人 / 冀祥德
责任编辑 / 卫　羚
文稿编辑 / 周浩杰
责任印制 / 王京美

出　　版 / 社会科学文献出版社·人文分社（010）59367215
　　　　　地址：北京市北三环中路甲 29 号院华龙大厦　邮编：100029
　　　　　网址：www.ssap.com.cn
发　　行 / 社会科学文献出版社（010）59367028
印　　装 / 三河市龙林印务有限公司

规　　格 / 开本：787mm×1092mm　1/16
　　　　　印 张：15.5　字 数：236 千字
版　　次 / 2024 年 3 月第 1 版　2024 年 3 月第 1 次印刷
书　　号 / ISBN 978-7-5228-3246-3
定　　价 / 128.00 元

读者服务电话：4008918866